좋은 장소를 만드는 방법

좋은 공공공간을 만들기 위한 지침서

Projects for Public Spaces 편저
김봉원 옮김

태림문화사

좋은 장소를 만드는 방법

좋은 공공공간을 만들기 위한 지침서

목 차

PPS(Projects for Public Spaces)*는 이 책의 출판에 도움을 준 로라 제인 뮤서*(Laura Jane Musser) *재단에 감사드립니다.*

우리를 흥미진진한 모험 속으로 뛰어들게 한 윌리엄 화이트(William H.(Holly) Whyte)*에게 이 책을 바칩니다.*

추천의 글

30년 전, 뉴욕시 근린주구의 주요 활동이 도시공원과 시장이나 도심공간보다는 도로(현관의 층계와 보도, 주변의 소화전 그리고 빈 땅)에서 이루어졌던 까닭은 전통적인 공공공간이 이용되지 않거나 전체적으로 훼손되었기 때문이다. 2차 세계대전 이전에 건설되었지만, 아직까지도 역사적인 장소에 사람들이 모여드는 이유는 새로운 공공공간이 아예 없거나 이용하지 않기 때문이다. 안타깝고도 심각한 현실이지만, 이젠 좋은 장소로 바꾸어야 할 때가 왔다.

지난 20세기 후반기는 우리의 도시와 지역사회를 황폐화시켰지만, 지금 그 시기를 벗어나고 있다. 많은 이유가 있지만, 도시재생과 교외화 운동에 주요 원인이 있다고 생각한다. 이 두 사조는 설계와 공학을 바탕으로 좋은 도시공간을 만들기보다는 목적물을 만들어내는데 중점을 주었다. 더구나, 행정부서는 근린주구의 총체적 욕구를 고려하지 않았으며, 좋은 도시공간을 만들지 않고 그들의 원칙과 부서(교통, 건축과 등)의 일정에 따라 추진했다. 그 결과, 여러 소중한 공공장소가 파괴되었고 새로운 공공장소를 만들 수 있는 기회조차 사라져버렸다.

나는 자라나면서, 이와 같은 쇠퇴의 초기 결과뿐만 아니라 대안을 찾으려는 초창기 환경운동가들을 살펴볼 수 있었다. 1960년대 시티은행에서 개인적으로 경험해볼 수 있었는데, 이 때 그들의 조직에 자원봉사제도를 도입하는데 충격을 받았다. 나는 1970년 뉴욕시에서 첫 번째 지구의 날을 창설하고 지역주민들이 가로와 그들이 살았던 불타버린 집과 빈집에서 고등학교 중퇴자를 가르치는 "거리학교(street academy)"인 흑인과 라틴인 교육을 위한 아카데미(ABLE, Academy for Black and Latin Education)를 개설하였다.

그 때, 나는 지역사회의 특성과 장점을 조사하고 있었던 인류학자인 마거릿 미드(Margaret Mead)와 국제개발경제학자인 바바라 워드(Barbara Ward, 잭슨 대통령 영부인), 도시학자이며 「가로활동계획(Street Life Project)」의 설립자이자 저자인 윌리엄 화이트(William H.(Holly) Whyte) 등 여러 사람들로부터 많은 것을 배울 수 있었다. 존경스러운 이들은 각자의 관점에서 주요 도시문제의 해결방안을 모색했다. 가로활동계획을 함께 수행한 윌리엄 화이트는 지역사회가 자신의 힘으로 자체적으로 재생할 수 있다는 깊은 확신을 주었고, 공공장소인 공원과 쇼핑센터, 광장, 가로, 버스정류장, 철도역과 공공기관 주변 공간들은 지역사회와 연계되어 있으며, 주변 지역에도 영향을 준다는 사실을 알 수 있었다.

현재 장소를 중심으로 한 이해방법이 발전하고 있으며 전문가의 역할을 바꾸고 있다. 우리 자신만의 강령에서 벗어나 장소를 만든다는 생각으로 향하게 된다면, 우리의 지역사회와 도시들은 제대로 기능하며 성장할 것이다. 실제로, 많은 지역사회가 계획안(project) 위주의 전통적인 접근방법에서 장소 중심의 근린주구로 재생하는 방법으로 바뀌고 있다. 우리는 앞으로 나아가고 있다. 도심지는 걷고 물건을 사고 사람들이 모이는 장소로 변모하고 있다. 어쨌든 우리의 도시공원은 20세기보다 녹지가 많아지고 있으며, 도심지의 쇼핑센터와 도시 광장이 지역사회의 중심적인 역할을 할 수 있는 새로운 방법을 찾고 있다.

내가 1975년에 설립한 비영리단체인 PPS는 지역사회를 재건설하려는 시민들을 도울 수 있는 복잡한 사회적·공간적 문제를 독창적으로 이해했다고 믿고 있다. 우리는 공공공간의 성패 요인을 파악할 수 있도록 우리의 방법을 구체화시킨 여러 도표와 실행-평가기법을 개발했다. 이 책은 이러한 생각과 도구에 관한 내용들이며, 공공 공간 평가자들에게 도움이 되길 바란다. 동네 놀이터에서 주요 관광지의 홍보물에 이르기까지 미국 전역의 지역사회에서 얻은 최근의 경험까지 망라하였고 이 중 12개의 사례를 중점적으로 소개했다.

이 책은 특히 PPS에서 현재의 조직을 만들고 열심히 일해 온 여러 놀라운 사람들이 25년 동안 힘들게 일한 공동의 결과물이다. 오랫동안 함께 일해 온 임원인 캐시 매든(Kathy Madden)은 지난 25년 동안 수행했던 지역사회 사례에서 수집한 공동의 지혜를 마지막으로 정리하여 원고를 썼다. 공설시장과 안전한 교통정책의 신봉자인 스티븐 데이비드(Stephen Davies)도 이 책의 개념을 잡는데 많은 도움을 주었다. 우리는 이 책을 읽는 모든 사람들이 자신의 지역사회에서 공공공간을 만들고 개선하는 방법, 그리고 짧은 기간의 활동과 작지만 눈에 드러나는 변화의 가치를 올바르게 평가하기를 바란다. 장소의 기능을 파악함으로서, 우리는 어떤 장소도 "바꿀 수" 있음을 확고하게 믿고 있다.

프레드 켄트(Fred Kent) 대표
PROJECT FOR PUBLIC SPACES

PPS(Project for Public Spaces)에 대해

2000년은 PPS(Project for Public Spaces)가 공공공간에 대한 기술 자문과 함께 연구, 평가, 계획 및 설계를 지원하고자 비영리 단체로 출발한 지 25주년이 된다. PPS의 임무는 지역사회를 활성화시키는 공공장소를 만들고 유지시키는데 있다. 교통과 공원, 쇼핑센터, 도시 광장, 공설시장, 지역의 공공시설, 공공건물을 대상으로 활동하고 있다. 1975년에 단체가 설립된 이후, PPS의 임원들은 1,000개가 넘는 미국과 외국의 지역사회에서 활동하고 있으며, 공공공간을 활력이 넘치는 지역사회의 장소로 바꾸는 즉, 사회·경제적 활성화와 공동의 욕구를 반영한 지역자원 중심의 프로그램과 이용 그리고 인간친화적인 장소로 개선시키는데 도움을 주고 있다.

이들 공공환경을 개선하기 위해, PPS는 공공공간의 정체성을 분명히 밝히고 지역사회의 구조 속으로 통합시킴으로서, 사람들이 공공생활을 풍요롭게 영위할 수 있는 장소를 만드는데 집중하고 있다.

간혹 보도에서 일어나는 우연한 사회적 접촉은 도시의 사회활동을 풍요롭게 하는 작은 변화이다.
— 제인 제이콥스

뉴욕시, 브리커가

빈 벽은 공공기관의 권위와 개인과의 단절을 드러내므로 사람들은 위압감을 느낀다.
— 윌리엄 화이트

텍사스, 휴스턴, 루이지애나가

Ⅰ. '장소'가 도시에 중요한 이유

최근에 미국의 도시들은 전보다 서로 비슷해지고 있으며, 모든 장소가 서로 닮아가고 있다. 상가와 건물, 도로가 점점 똑같아지고 있으며, 소도시에서조차도 자동차가 우리의 삶을 지배하고 있다. 사람들은 자동차를 주요 이동수단으로 삼고 있어, 걷는 일은 차츰 사라지고 있다.

가로와 보도가 이동할 목적만이 아닌, 사람들이 산책하고 빈둥거리며 사람들을 만나고 걷기를 회복할 수 있는 지금과는 다른 형태의 도시를 상상해보자. 상점이름만으로 상점 주인을 알 수 있으며, 지역에서 생산한 신선한 과일과 채소를 파는 그 지역만의 공설시장이 있는 지역경제를 상상해보자. 또 다른 도시에서 여러 개발업자들이 건축했으나 외관과 기능이 장소와 연관되어 있어 맞바꿀 수 없는 건물들을 상상해보자. 도시를 상징하는 장소로 시민들이 모이고 사회·문화적 기능을 담당하는 지역사회의 공원과 광장을 상상해보자. 이 장소들은 활력이 넘치는 지역사회를 머릿속에 떠올리는데 도움을 줄 것이다.

이 책은 특정한 지역사회를 대상으로 하지 않았다. 모든 지역사회와 관련된 내용이므로, 인구밀도가 높은 도시근린주구와 도심지뿐만 아니라 소도시와 교외지역, 단일 인종집단뿐만 아니라 다양한 지역사회에도 같은 원리를 적용할 수 있다고 믿고 있다. 각 지역사회는 나름대로의 의미를 갖고 있으며 자신만의 공공공간을 만들 수 있는 잠재력을 가지고 있다.

지역사회에서 공공장소의 중요성

공공장소는 사회활동을 위한 무대이다. 기념행사가 열리고 마라톤 결승점이 있으며, 어린이가 스포츠를 배우고, 계절감을 느낄 수 있으며, 문화가 있는 공원이 있다. 주택과 상점 앞의 가로와 보도에서 친구들과 서로 만나고 사회·경제적인 교류가 일어난다. 공공기관 즉, 시청사와 도서관, 우체국의 "현관 앞"에서 서로 만나고 행정기관과 접촉한다.

도시와 근린주구가 바람직한 공공공간을 가지고 있으면 지역에 대한 자부심은 강해지나, 반대로 공공공간이 부족하면 주민들의 상호유대감은 사라진다.

장소는 도시에 정체성을 부여한다.

좋은 공공장소가 없으면, 좋은 도시가 될 수 없다. 예로, 록펠러 센터 주변의 스케이트장과 여러 공공공간은 관광객들이 많이 찾아오는 뉴욕시의 대표적인 명소이다. 매년 수 천 명의 사람들이 크리스마스 트리의 불빛 아래로 모여들거나, 텔레비전 화면에 나오길 바라며 "투나잇 쇼" 스튜디오 앞 가로에 서있기 위해 모여든다. 에펠탑이 파리를 상징하듯이, 이 공공공간들이 뉴욕시를 상징한다. 어떤 사람들은 베니스의 산마르코 광장과 파리의 샹젤리제 거리, 뉴욕의 센트럴 파크, 마이애미 해변이나 샌안토니오의 리버워크와 같이 환상적인 장소를 찾기 위해 수 천 마일을 여행하며, 또 다른 사람들은 삶을 풍요롭게 하는 장소만을 찾기 위해 가로를 따라 걸어 내려가기도 한다. 사실, 좋은 공공공간은 세계적으로 이름난 장소가 될 수 있으며, 또한 근린주구에 거주하는 사람들이 특정 가치를 부여하기 때문에 중요하다.

일상생활에서 호감을 주는 공공공간을 생각해보자. 그 장소는 근린공원과 조간신문을 읽을 수 있는 옥외카페나 저녁식사 후에 거니는 호숫가의 산책로일 것이다. 이러한 지역사회의 장소들은 유명한 장소만큼이나 도시의 정체성에도 중요한데, 이는 사람들이 살고 있는 장소이며 그들의 이웃과 지역사회의 경험을 공유하는 곳이기 때문이다.

장소는 도시에 경제적인 이득을 준다.

공공공간에는 실제적이고 금전적으로 환산할 수 있는 경제적 이득이 많다. 예로, 공원은 도시의 지가에 중요하다. 뉴욕시에서 브라이언트 공원과 센트럴 공원, 프로스펙트 공원, 리버사이드 공원 주변의 지가가 가장 높다. 미네아폴리스 시의 고급 주택가는 여러 호수로 둘러싸인 대규모 공원과 오솔길이 있는 지역에 자리 잡고 있다. 캘리포니아 주 태평양연안의 해변과 공원 주변에는 최고급 주택들이 자리 잡고 있다. 덴버시의 플랫(Platte) 강변에 새로 건설된 녹도(greenway)변의 낡은 옛 방앗간 다락방의 매매가격은 도시의 평균지가보다 높다. 실제로 녹도는 그 지역의 새로운 공공공간으로 자리 잡았으며, 부동산 광고에서 가장 좋은 주거지로 "녹도" 주변의 주택들이 각광을 받고 있다.

뉴욕시 유니온 광장의 북쪽 끝에 있는

걷고 모이고 쇼핑할 수 있는 가로의 활성화는 도시와 소도시의 경제에도 보탬이 되는 장소 만들기의 가장 대표적인 사례일 것이다.

그린마켓은 근린주구를 활성화시키는 주요 촉매제로 작용했다. 지역의 고급 레스토랑들은 그린마켓에서 물건을 구입하고 계절별로 신선한 식품을 메뉴로 내놓고 있다. 유니온 광장을 본보기로, 현재 뉴욕시 전역에 근린주구 활성화를 위해 26개의 그린마켓을 추가로 건설하고 있다. 아칸소 주의 강변시장인 리틀 록(Little Rock)은 아파트단지와 박물관 건립하고 시립도서관과 경기장을 재배치하여 도심지에 활력을 불어넣었다. 시애틀시의 파이크 플레이스(Pike Place) 시장에 있는 600개 이상의 상가는 1억 달러 이상의 매출을 올리면서 수많은 관광객들을 끌어 모으고 있다.

걷고, 사람들이 모이고, 쇼핑할 수 있는 가로의 재활성화는 도시나 소도시에 경제적인 이득을 주는 장소 만들기의 직접적인 사례일 것이다. 엄청나게 많은 소도시들이 대량의 고속차량 이동만을 목적에 둔 도로로 인해 어려움을 겪고 있는데 이는 안전한 가로활동과 경제활동을 위해 필요한 보행량과 주차장, 그리고 여러 시설들을 효율성이라는 명목으로 제기하고 있기 때문이다. 코네티컷 주 뉴헤이번시의 보도확장과 교목식재, 주차장 확대, 지역사회 중심의 임대 및 개발 프로그램으로 조성한 새로운 가로인 채플(Chapel)가는 일상생활과 연계하여 도시의 중요한 근린주구로 재생하고 있다.

장소는 환경에 도움을 준다.

공공공긴은 도시생활에 활력을 주는 환경적 이점도 가지고 있다. 공공공간은 자동차에 대한 욕구와 의존도를 낮출 뿐만 아니라 수변과 야생지역과 같은 공원 및 "녹색"의 공공공간은 자연환경에 대한 선호와 윤리적 책임을 느끼게 하며, 야생동물 서식지도 제공한다. 예로, 브루클린의 프로스펙트 공원에는 200여 종의 조류가 서식하고 있다.

장소는 문화 활동의 장을 만든다.

때론, 공공장소는 사람들이 예술과 접하고 여러 문화행사에 자유롭게 참여하는 열린 광장이 된다. "공원에서 셰익스피어를"이라는 연극 축제에서 도시 광장의 현악사중주연주회에 이르기까지, 좋은 장소는 도시에서 문화생활을 영위할 수 있게 한다. 불꽃과 음악경연대회인 로드아일랜드 시 프로비던스 지역의 워터파이어(Water-Fire) 축제는 여름과 가을 서녁에 도심지 강변으로 수백에서 수천 만 명을 끌어 모으는 문화적·경제적 영향력이 큰 행사이다. 도시 르네상스의 상징으로 워터파이어 축제는 사람들을 끌어 모으고 도심지에서 어둠을 몰아 낸 도시축제이다.

좋은 장소를 만드는 요인은?

사람들은 자신이 좋아하는 장소를 설명할 때 '안전(safe)'과 '재미(fun)', '매력(charming)' 그리고 '환대(welcoming)'라는 단어를 반복하여 사용하는 경향이 있다. 이 형용사들은 특정 공간에 대한 무형의 질 즉, 질적인 측면을 나타낸다. 무형의 질로 사람들의 경험을 측정하기 어렵지만, 기존 통계 자료나 여러 다양한 조사방법으로 계량화할 수 있다.

뉴욕시, 차이나타운

전 세계에서 1,000개 이상의 공공공간을 조사한 결과, 좋은 공공공간이 갖추어야 할 4가지 핵심요소는 접근성, 활동, 안전 그리고 사회적 교류임을 알 수 있었다.

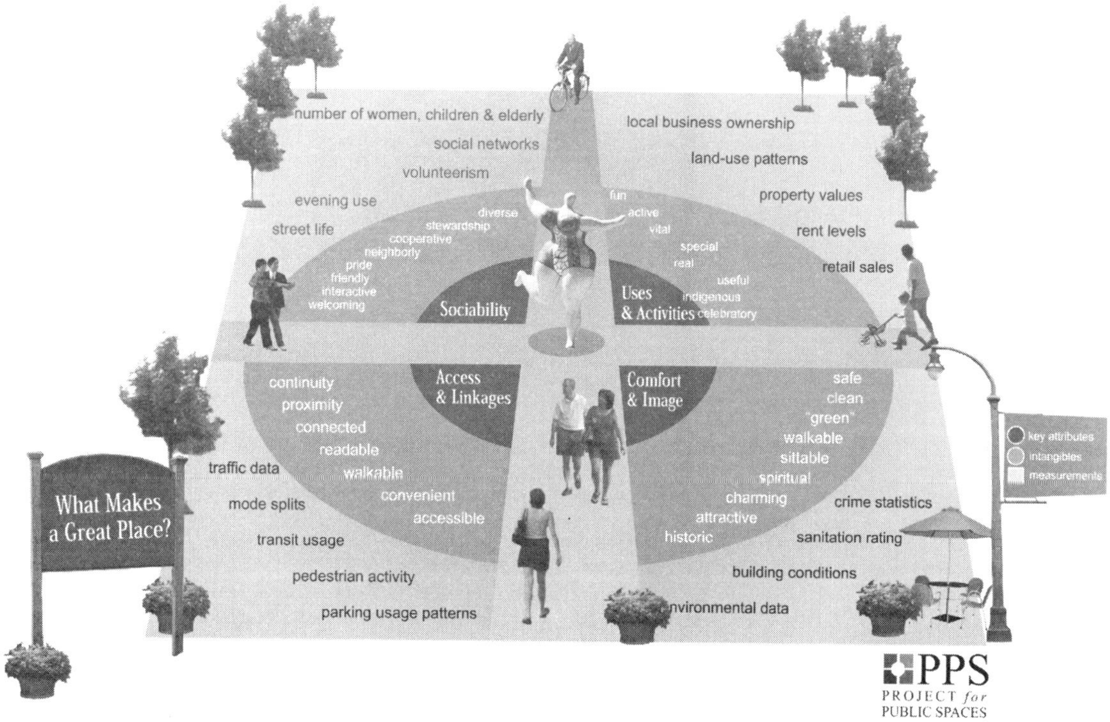

삽화 : 애니 비셋(Annie Bissett)

접근성

좋은 공공공간은 접근하기 쉽고 내부를 볼 수 있어야 한다. 사람들이 공간을 쉽게 돌아다닐 수 있으며, 여러 공간을 편리하게 이용할 수 있어야 한다. 물리적 환경은 접근(예로, 가로변에 연이은 상점가가 빈 벽이나 빈 땅보다 걷기에 안전하고 재미있다)과 지각(예로, 먼 곳에서 공공공간을 볼 수 있는)에도 영향을 준다. 접근성이 좋은 공공장소는 주차장의 이용률이 높으며, 대중교통을 이용하기에도 편리하다.

네덜란드, 암스테르담

안전과 이미지

안전과 청결, 주변 건물의 크기, 그리고 장소의 특성이나 매력에 대한 인식은 때론 앉기에 편안한 장소와 같이 분명한 문제로 장소를 선택하는데 매우 중요하다. 사람들이 앉기를 원하는 곳을 선택하는 문제는 보통 과소평가되고 있다.

프랑스, 파리, 뤽상부르 공원

이용과 활동

스웨덴, 스톡홀름, 쿵스타드(Kungstrad) 정원

활동은 장소를 만드는 기초 재료이다. 이것이 바로 장소를 처음 방문하게 하는 이유들이고 다시 찾게 만드는 이유들이기도 하다. 그 이유들이 장소를 특별하거나 독특하게 만든다.

장소에서 아무런 활동도 일어나지 않는다면, 장소는 텅 비어 이용하지 않게 되는데 이러한 사실은 일반적으로 무언가가 잘못되었음을 뜻한다.

사회적 교류

뉴올리언스, 라파예트 광장

사람들이 친구를 만나고 이웃과 인사를 나누며, 낯선 사람들과의 만남을 친근하게 느끼면, 장소감이나 지역사회에 대한 애착이 강하다고 느끼는 경향이 있다. 장소가 이러한 사회활동을 가능하게 한다. 사회적인 교류가 일어나도록 만들기는 어렵지만, 장소를 만드는데 빠트리지 말아야 할 질적인 요소이다.

많은 공공공간이 실패한 까닭

오늘날, 많은 공공공간들은 만질 수 있는 공간이 아닌 보는 공간으로 의도적으로 설계된 것 같다. 이 공간들은 깔끔하고 깨끗하며 비어 있어, "사람들이 없어서, 문제도 없다!"라고 말하는 것 같다. 그러나 공공공간이 비어 있어, 우범지역이 되거나 달갑지 않은 사람들이 주로 사용하게 된다면, 보통 설계나 관리 또는 둘 모두가 잘못되었다라고 지적할 수 있다.

다음의 두 사진들은 공공공간이 갖고 있는 가장 일반적인 문제들을 사례로 설명하고 있다.

"사람들이 모이지 않는 공간은 설계하기가 어렵다. 때론 이들 공간이 어떻게 만들어졌는가를 살펴볼 필요가 있다."

윌리엄 화이트

공간 설계와 관련하여 몇 가지 문제점이 있다:

앉기 편한 장소의 부족

텍사스, 휴스턴, 쉘 정유사 건물

많은 공공공간은 앉을 장소조차 없다. 그래서 사람들은 자신에게 가장 편안한 방법으로 상황에 적응하도록 강요당한다.

텍사스, 휴스턴, 쉘 정유사 건물

때론 자신의 서류가방 위에 앉아야 한다.

모이는 장소의 부족

파리, 라빌레뜨 공원

사람들이 모이는 장소는 놀이 공간이나 버스정류장과 자동 판매기나 야외의자와 같은 시설물이 있는 곳이며, 사람들이 바라거나 필요로 하는 시설을 조합하여 초점을 만든다. 파리 시의 이 공원은 반사회적인 방법으로 앉도록 강요하고 있으며, 조각물에 올라가지 못하도록 제한하고 있다.

캘리포니아, 라구나 해변

캘리포니아주의 이 공원은 태평양 연안 고속도로변에 자리잡고 있어, 활동과 먹거리, 앉을 수 있는 장소가 많다. 복잡하고 사람들의 왕래가 잦아 모이기 좋은 장소이다.

좋지 않은 입구와 보이지 않는 공간

뉴욕시, 브라이언트 공원

왼쪽의 사진과 같이, 어둡고 좁은 입구는 사람들이 공간을 찾아오게 하는 대신에 사람들을 들어오지 못하게 한다.

뉴욕시, 브라이언트 공원

똑같은 입구의 사진으로, 찾아올 수 있도록 보이게 재설계하였다. 매점에서는 커피와 샌드위치를 팔고 있으며, 도로에서 공원 내부를 볼 수 있다.

제 기능을 하지 못하는 시설물

스페인, 바르셀로나, 디아고나 마르(Diagonal Mar) 공원

가끔 시설물들은 공간 내부를 지나가도록 단순하게 설계된다. 그들은 기능적이기보다는 시각적이다.

독일, 베를린동물원

친근한 고릴라 조각물 주변에서 활동이 일어난다.

사람들이 가고자 하는 곳에 갈 수 없는 도로

애리조나, 피닉스

아무 것도 볼거리가 없는 곳으로 사람들을 가게 만드는 길은 쓸모가 없다.

프랑스, 파리, 뤽상부르 정원

길을 따라 가면서, 사람들을 모으거나 멈춰서 쉬게 하는 길을 만들 수 있다.

몇 가지 문제는 관리가 잘못되거나 관리하지 않아서 일어난다:

장소의 차량 독점

프랑스, 파리

주요 도로는 고속도로가 아니다. 사람들은 도로나 자동차에 의한 도로횡단을 두려워하지 말아야 한다.

캘리포니아, 라구나 해변

횡단은 쉽고 안전해야 한다.

장소 주변의 빈 벽이나 이용하지 않는 공간

이탈리아, 베로나

공간의 주변지역이 번화하고 활동적이라면 공간의 설계와 관리만큼 좋은 장소로 만드는 데 중요하다.

덴마크, 코펜하겐

이 빈 벽이 가로활동에 기여하는 바는 아무것도 없다. 사실, 벽이 있는 것 같지도 않다.

불편한 곳에 있는 정류장

텍사스, 샌 안토니오

아무도 이용하지 않는 곳에 있는 버스정류장은 실패의 좋은 본보기이다.

뉴질랜드, 크리스트처치

사람들의 왕래가 잦고 활력이 넘치는 버스정류장은 버스의 이용률을 높이는 좋은 장소를 만든다.

아무도 가지 않는 곳

매사추세츠, 보스턴, 시청광장

프로그램과 활동이 빈약한 야외 영화관과 시장이나 가로축제는 이용하지 않거나 황폐한 광장이나 공간을 만든다.

체코슬로바키아, 프라하

활력이 넘치는 프라하의 광장은 어느 정도는 프로그램과 먹거리가 있기 때문이다.

Ⅱ. 공공공간 계획의 대안적 접근방법

오늘날 미국은 더 좋은 공공공간을 가질 수 없는가?

디즈니랜드의 메인 스트리트에서 콜로라도 주 아스펜 시까지 여러 "장소"를 여행해 본 사람들은 자신이 살고 있는 지역사회가 왜 좋은 공공장소를 가질 수 없는가 라는 뻔한 질문을 해볼 필요가 있다. 지역사회의 공원과 주요 도로, 버스정류장과 공공건물을 생각해보고 이들 장소를 자주 가보고, 쉽게 이용할 수 있는 방법을 생각해보자. 아마 교통신호등의 점멸주기가 좀 더 효율적이어야 하고, 횡단보도와 벤치가 있어야 하며, 버스정류장을 바꿀 수 있는 여러 방법들이 있을 것이다.

지금 누군가가 최근에 당신의 꿈을 실현하는데 도움이 되었던 방법을 물어보았다고 생각해보자. 그런 일을 겪어 보지 않았는가? 그러나 도시의 새로운 "계획" 즉, 스타디움과 컨벤션센터, 쇼핑몰, 고속도로 우회로 계획안을 설명하는 모임에 참석하여, 그 계획안에 대한 의견을 요청받았던 때를 기억할 것이다.

이 방법을 계획에서는 계획 중심적 접근방법이라고 한다. 대부분의 도시에서 사용되었던 이 접근방법은 좋은 공공공간을 만드는데 목적을 두고 있지만, 실제로 좋은 공간을 만들지는 못한다. "계획"은 실행으로 옮겨져야 하기 때문에 지역사회에 적합하지 않다고 말할 수는 없다. 그러나 계획은 보통 정치적 상황이나 예산, 또는 개발업자가 기획안을 제출해서 만들어진다. 계획수립과정에서 지역사회 내의 좋은 공공장소를 만드는 방안에 관해 지역사회와 협의하는 경우는 거의 없다. 오늘날 미국도시의 공공공간에 대해 어느 누구도 책임지지 않는 현실이 안타깝다.

오늘날, 미국도시의 공공공간에 대해 어느 누구도 책임지지 않는 현실이 안타깝다.

도시가 생동감 넘치는 장소가 되려면, 이들 장소의 질은 현재 이용하고 있는 접근방법과는 전혀 다른 접근방법을 이용하여, 직접적이고 적극적으로 설명해야 한다.

공공공간 계획의 두 가지 접근방법	
현재의 접근방법	**대안적 접근방법**
계획 추구	장소 추구
원칙 기반	지역사회 기반

현재 도시계획의 접근방법은 "계획 위주"와 "원칙 위주"이다. 계획(새로운 스타디움과 법원청사나 경전철망)은 실행의 전제조건이다. 전문가는 설계안을 만들어, "지역사회"가 그 계획안을 검토하고 대안을 선택하도록 제안한다. 이 접근방법의 문제점은 지역사회의 현안 문제에서부터 시작하지도 않고 공공공간을 함께 다루지도 않는다. 이 접근방법은 상향식에 반대되는 하향식 실행방법이다. 본질적으로, 위에서부터 내려오는 접근방법이다.

다음과 같은 전형적인 시나리오로 진행된다. 도시위원회가 근린공원에 시민회관을 건립하기로 결정했다. 어떤 시민회관이 건립되더라도 근린주구가 갖고 있는 주요 요구조건을 충족시키나, 이 접근방법은 지역사회에 기반을 둔 실행이기보다는 위원회의 계획안이다. 이 접근방법에는 지역주민들이 바로 지금 주변 가로의 위험한 차량으로 인해 공원으로 자전거를 타고 갈 수 없는 자녀의 안전성과 같은 문제에 참여할 기회가 전혀 없다. 결과적으로, 중요한 논의가 미해결과제로 남겨진다. 지역의 교통공학자는 차량속도를 감속하고 보행자와 자전거의 안전을 개선하는 방법을 생각조차 하지 않는다. 2년 후에 시민회관이 건립되었다. 그러나 어린이들은 주변 도로가 복잡하여 횡단하기 어렵기 때문에 전혀 이용하지 않는다.

공공공간을 만드는 하향식 접근방법에는 4가지 문제점이 있다.

1. **지역사회의 참여가 너무 늦게 이루어진다**. 지역사회가 참여하는 시점은 실제로 "일이 벌어진 후"이다. 이미 생각을 구체화시켰기 때문에 지역사회는 그들의 관심사를 말하기보다는 의견만을 제시할 수밖에 없다.
2. **지역사회의 강점**. 지역사회가 갖고 있는 지역현안에 대한 지식과 현재의 기능과 역할에 대한 특유의 통찰력이 최소한의 조건이 아니라 시작단계이다. 지역주민들은 계획안을 검토하도록 요청받지만, 주어진 일은 전문가조차도

감당하기 어렵다. 제출한 즉, 많은 노력이 표현된 모든 자료를 한 번 살펴보는 것도 참여하기 어렵게 만든다.

3. **기간**. 계획은 완성하는데 오랜 기간이 걸리는 반면, 작은 "개선"은 실행하기 쉬우며 비용도 적게 든다.
4. **의사소통의 부족**. 교통부와 계획부, 공원부와 같은 몇 개의 시 행정조직이 지역사회의 여러 관심사를 다루고 있으나, 총체적이고 보다 효율적인 계획을 위해 서로 협력하기보다는 독자적으로 업무를 수행하고 있다.

왜 다른 접근방법을 시도하지 않는가?

현재 지역사회의 계획방법을 보다 혁신적으로 변화시킬 필요가 있다. 계획과정에 지역주민을 참여시켜 함께 의논하고 협력할 필요가 있다. 이 접근방법은 전문가가 지역사회의 생각들 즉, 지역주민들이 관심을 갖게 만드는 단계에서부터 시작해야 하나, 지역 공공공간의 변화에 대한 지역사회가 갖고 있는 생각들이 더 중요하다. 사람들이 지역공간을 평가할 수 있는 모임이나 워크숍을 개최하여 함께 문제를 논의하고 지역사회의 미래모습을 구체화시킨다. 사람들이 실제로 공간을 어떻게 이용하는지를 알기 위해 간단한(때론 복잡한) 관찰을 수행할 수도 있다. 모임과 조사, 관찰 등에서 수집된 모든 정보가 미래의 지역사회를 구상하고 가능한 한 빨리 지역사회의 미래모습을 머릿속에 그릴 수 있도록 기술하여 확신감을 갖도록 해야 한다. 전문가의 다음 역할은 지역사회의 미래모습을 실행으로 옮기는데 있다.

Ⅲ. 좋은 장소를 만드는 원칙

오랜 시간에 걸쳐, 우리의 작업에 일정한 원칙이 있음을 알게 되었다. 지역 활성화 노력이 성공적으로 끝났을 때, 그 수행과정에서 경험한 바를 원칙으로 묶었다. 원칙에는 자신의 지역사회를 만들기 위한 지역사회 미래 모습의 중요성과 "장소" 만들기와 설계 간의 차이, 무엇보다도 좋은 공간을 유지하는데 필요한 실험과 관리의 중요한 역할을 포함시켰다.

다음 쪽에서 간단하게 설명한 원칙들은 좋은 장소를 만들고 관리하는데 우리가 취해온 견해들이다. 우리가 경험한 사례들을 각 원칙과 함께 설명했다. 모든 사례가 좋은 결과가 낳진 않았지만, 우리가 모두 직접 참여하여 수행했던 사례들이다. 따라서 각 사례연구들은 보다 좋은 근린주구와 도시나 삶의 질을 높이는데 함께 노력했던 지역사회의 스냅사진들이다.

기본적 사고

1 지역사회가 전문가이다.

2 설계하지 않고 장소를 만든다.

3 혼자서는 할 수 없다.

4 사람들은 항상 불가능하다고 말한다.

계획과 확대 방법

5 관찰만으로도 많은 것을 볼 수 있다.

6 미래모습을 제시하라

생각을 활동으로 변환

7 형태는 기능을 지원한다.

8 구획으로 나누어라.

실행

9 피튜니아로 시작하라.

10 돈은 논의의 대상이 아니다.

11 끝나지 않았다.

❶ 지역사회가 전문가이다

지역주민들은 지역의 기능과 역할에 대해 미래지향적이고 유용한 통찰력을 가지고 있다. 즉, 그들이 갖고 있는 문제에 대한 독특한 이해가 중요하다. 지역사회가 계획에 참여하는 시기는 빠를수록 좋은데, 이상적으로는 계획이 시작되기 전이 가장 좋다. 그리고 사람들이 개선활동에 끝까지 참여할 수 있도록 해당 지역의 토지소유주나 자원봉사자가 좋다.

좋은 장소를 만드는데 필요한 일반 시민의 역할

좋은 장소를 만들기 위해서는 사람들이 각자의 능력을 발휘할 수 있는 방법을 찾은 다음 적절한 방법으로 과정에 참여시켜야 한다. 지역사회의 생각과 능력에 대한 자각은 기존 장소를 개선하거나 새로운 장소의 미래모습을 위해 무엇을 해야 할 지를 결정하는데 중요하다.

장소 주변에 살거나 일하고 있는 사람들은 그 지역의 위험 여부와 이유, 편안한 공간인지, 자동차가 속도를 높이는 곳인지, 어린이들이 안전하게 걷거나 자전거를 타며, 놀 수 있는 곳인지를 경험적으로 알고 있다. 우리의 동료인 조디 크레츠만(Jody Kretzmann)은 "지구상의 모든 지역사회는 그곳에 살고 있는 사람들의 기술과 자원 그리고 천부적 재능이 발휘되어 만들어졌다"라고 말한다. 유감스럽게도, 지역주민들이 갖고 있는 정보를 계획과정에 제공할 수 있는 기회가 거의 없다. 너무나도 자주, 사람들의 지식과 자원이 전체적으로 낭비되고 있다. 우리가 적절한 방법을 통해 인간의 지식과 경험을 파악하지 못해 얼마나 많은 양의 정보가 매일 사라지고 있다는 사실을 상상만이라도 해보자.

'지역사회'란 ?

"지역사회"는 특정 장소와 이해관계에 놓여 있는 사람들이다. 특정한 장소(이용 여부와 관계없이) 주변에 살고 있는 사람들이고, 상가를 소유하거나 직장이 있거나, 그 곳에 있는 학교와 교회에 다니는 사람들로 구성되어 있다. 또한, 지역을 대표하는 선출직 관리와 보치(bocce : 문밖에서 하는 공 맞추기 게임)동아리나 상인조합과 같은 지역 활동 단체들이 속해 있다.

☜ 뉴욕시, 브롱크스

사례연구 : 메릴랜드 주, 볼티모어 시, 마운트 버넌 광장(Mount Vernon Place)의 친구들

볼티모어시 마운트 버넌 지역주민들은 4개 구역으로 이루어진 역사 공원인 마운트 버넌 광장이 이용되지 않고 유지관리도 되고 있지 않다는 점에 관심을 가졌다. 1999년 4월 모임에 대략 100명의 주민들이 참석했으며, 우리는 이곳에서 그들이 마운트 버넌 광장의 이용현황을 평가하는데 도움을 주었고 공원의 미래모습을 제안했다.

> "우리는 지역사회의 정치적 힘을 잘 알고 있다. 우리 모두는 마운트 버넌 광장의 현재 모습을 보전함으로써 앞으로의 모습을 만들고자 한다."
> 헬렌 코헨, 공동대표
> 마운트 버넌 광장의 친구들

적극적인 주민단체가 마운트 버넌 광장의 재생전략을 세우고자 2주마다 모이는 우리의 앞뜰(Our Front Yard)을 결성하는 등 일련의 장·단기적 전략으로 나타났다. 보다 광범위한 대중적 지지기반을 마련하고자, 우리의 앞뜰은 마운트 버넌 광장의 친구들(Friends of Mount Vernon Place)로 이름을 바꾸고 비영리단체를 결성했다. 이 단체는 "마운트 버넌을 활성화하고 현재와 미래의 주민을 위해 품위 있는 공공장소를 조성하며, 많은 방문객이 마운트 버넌 광장의 문화자원과 자연미, 역사적 중요성을 느끼게 하는데 목적을 두고 있다."

1년도 채 안되어, 마운트 버넌 광장의 친구들은 여름동안 마운트 버넌 광장의 관리를 지역 고등학교 학생들에게 위탁하기로 결정했으며, 유지관리와 환경미화를 위해 볼티모어시의 "주요 추진 사업"에 공원을 포함시켰고, 마운트 버넌 문화지구와 마운트 버넌 지역 벨베데레 협회와 연계하였으며, 자원봉사 공원청소의 날을 제정했고, 공원에서 개최된 꽃시장과 도서축제에 참여했다. 가장 중요한 점은, 공원 기본계획안과 실행에 2,800만 달러의 예산을 편성했다는 점이다. "우리는 지역사회의 정치적 힘을 잘 알고 있다. 우리 모두는 마운트 버넌 광장의 현재 모습을 보전함으로써 앞으로의 모습을 만들고자 한다."고 마운트 버넌 광장의 친구들의 공동대표인 헬렌 슐로스버그 코헨(Helen Schossberg Cohen)은 말했다.

메릴랜드 주, 볼티모어 시, 마운트 버넌 광장

가장 효율적으로 공공공간을 만들려면, 지역사회는 지역사회 자체보다 넓은 범위에서 단체를 구성해야 한다. 예를 들어, 구역이나 상인조합의 대표, 목사나 성직자, 또는 개발업체의 대표나 지역협회나 연구소들이다. 이들은 개인적인 이해관계뿐만 아니라 각 대표십난과의 연계 고리가 되기도 한다. 우리는 도시위원회와 같이 독자적으로 활동하는 기존의 정부조직체를 찾기 힘들었다.

뉴욕시 센트럴 공원을 바꾸고 있는 베시 로저스(Betsy Rogers)는 "지역사회를 진정으로 아끼는 사람으로 그곳에 살고 있으며 장소가 의미하는 바를 제대로 알고 있는 '열렬한 애호가(zealous nut)'라고 부를 수 있는 사람만큼 소중한 것은 없다. 그리고 소중한 사람들로 만드는 과정은 다른 사람과 연관되어 있으므로, 의견 교환이 계획의 추진력을 높일 수 있는 방법이라고 생각한다"하고 말했다. ■

지구상의 모든 지역사회는 그곳에 살고 있는 사람들의 기술과 자원 그리고 천부적 재능이 발휘되어 만들어졌다.

조디 크레츠만(JODY KRETZMANN), ABCD 연구소

❷ 설계하지 않고 장소를 만든다

현재, "장소"의 중요성에 관한 논의가 많다. 여행안내서는 여러 도시와 주, 그리고 세계 여러 나라의 좋은 "장소"에 대부분을 할애하고 있다. 다른 책들은 우리가 나가 머물거나 우리가 집에 있지 않거나 일하거나 또는 쇼핑할 때 산책할 수 있는 "장소"에 중점을 두고 있다.

여러 책들은 우리가 "장소감"을 잃어버리고 있으며, 활력 넘치는 지역사회를 만들 수 있도록 장소감을 되찾는 일은 매우 어렵다고 말하고 있다. 설계 잡지들은 그들이 가장 좋은 공공공간설계로 간주하는 계획안을 수상작으로 선정한다. 아직까지 좋은 "장소"로 바꾼 설계안이 수상한 경우는 없었다. 어쨌든, 장소감의 상실과 실제적인 장소만들기에 대한 논의는 아직 대립 중에 있다.

설계하지 않고 장소를 만드는 방법

핵심은 "장소를 만드는데 설계가 하는 역할이 무엇인가?"라는 문제이다. 우리의 경험에 따르면, 장소 만들기는 오늘날 대부분의 설계가들이 사용하는 접근과는 전혀 다른 접근방법을 필요로 한다. 전통적인 설계나 계획과정과는 반대로, 장소중심적 접근방법은 설계중심적 방법보다 확대되어야 한다. 장소 만들기는 설계보다는 관리의 효율성에 좌우되며, 추가 설명이 필요한 매우 복잡한 문제들로 인해 여러 원칙들이 포함되어야 한다. 예로, 관리를 잘하고 안전성을 확보하는 일은 보행과 대중교통의 접근성을 높이는 것보다 중요하다. 편안한 의자와 적절한 휴지통의 위치, 체계적인 안내판과 화장실, 먹거리들을 살 수 있는 시설물들은 좋은 장소에 모두 중요한 질적인 요소이다. 그리고 이들 문제들을 한꺼번에 다루려면 하나의 전문분야만으로는 부족하다.

장소를 만드는 방법을 습득하려면 어느 정도 훈련이 필요하다. 학교에서는 장소를 만드는 방법을 학생들에게 가르치지 않는다. 그들은 설계나 시공이나 행태를 배우나, 지역사회가 창의성을 끌어내고 미래모습을 그려내어 실행할 수 있는 능력을 발휘하는데 전문지식을 활용하는 방법을 배우지는 않는다. 좋은 장소를 만드는 데에는 국가 단위의 새로운 교육프로그램이 절실하다.

☜ 독일, 아헨

사례연구 : 버몬트주, 몬트필리어(Montpelier)시, 우체국

> 지역으로 접근할 수 있는 보행로를 개선하고 유도하기 위해 흔들의자와 벤치, 지역사회 게시판, 커피판매대, 개보관소, 새로운 횡단보도, 교통소음방지시설을 도서관 전면에 설치하여 "지붕이 있는 현관"을 만들고자 하였다.

우체국은 몬트필리어시 도심에서 가장 중요한 장소 중 하나로 평일에도 버몬트 주 중부지역의 사람들이 모이는 곳이다. 안타깝게도, 도시에서 가장 "낯선" 건물이기도 하다. 보도에서 건축선이 20피트 떨어져 있고 외벽은 반사유리로 덮여 있는 연방정부 소유 건물은 사람들을 가까이 오지 못하게 하는 작은 식재 지역으로 둘러싸여 있다. 이 건물은 근처의 몇 개 되지 않는 녹지지역 중 하나이지만, 사람들이 오랫동안 머무를 수 없어 지역주민 한 사람은 "실망"하고 있다고 불평한다. 연방기관인 행정부가 건물의 실제 소유주로, 우리에게 지역사회에 적합하고 몬트필리어시의 도심생활을 지속할 수 있는 우체국 개선계획안을 결정하는 지역사회 워크숍을 개최하도록 요청했다. 이 책에서 설명한 기법을 이용하여, 우리는 지역사회가 부지를 평가하고 우체국 내·외부의 미래모습을 생각해내고 재빠르게 바꿀 수 있도록 도움을 주었다.

건물을 처음으로 조사했을 때 간단히 파사드만 개선하면 된다고 생각했다. 그러나 가로를 집중적으로 조사하면서 건물의 윗부분이 근본적으로 없어져야 함을 깨달았다. 즉, 다양한 이용과 활동이 일어나는 1층에 사람들의 관심을 집중시킴으로서, 지역사회의 장소를 만들 수 있다고 느꼈다. 지역으로 접근할 수 있는 보행로를 개선하고 유도하기 위해 흔들의자와 벤치, 지역사회 게시판, 커피판매대, 개보관소, 새로운 횡단보도, 교통소음방지시설을 자료실 전면에 설치하여 "지붕이 있는 현관"을 만들고자 하였다. 이외에도, 주말에 사람들을 추가로 끌어들이기 위해 우체국 근처의 기존 농산물 시장을 재배치해야 함을 권고했다. 2000년 겨울, 브레인스토밍과정을 거쳐 몬트필리어시 지역사회는 저렴한 개선비용으로 설계가 아닌 장소만들기로 조성하였다.

버몬트주, 몬트필리어시, 우체국

그때까지는 공공공간설계에 나타난 우리의 임무를 재확인해 볼 필요가 있다. 새로운 임무가 "이용률이 높은 좋은 장소" 조성이라면, 실계가를 포함한 전문가의 역할은 자신이 지역사회의 인적 자원이 되어야 한다. 전문가들은 지역사회의 미래모습을 실현할 수 있는 비영리단체와 정부기관과 같은 여러 단체와 함께 일할 것이다. 대부분의 경우, 전문가(혹은 기관)가 주도하기보다는 지역사회가 주도적인 현재의 역할과는 반대로 하고, 그 과정에 협력해야 함을 뜻한다.

시작하는 방법은 다음의 단계들을 따라가기만 하면 된다.

- 공공부문과 민간부문 모두의 **지역사회 대표와 만나** 특정 장소에 관해 여러 집단이 처한 당면 문제를 확인하라.
- **논의에 대한 가설을 작성**하여 여러 자료수집의 장점과 정보수집방법을 구체화하라.
- **현황 파악**에 필요한 자료를 **수집하라**.
- 자료를 분석하고, 지역사회의 참여정도를 검토하여 실행과 연계하여 **방법들을 검토하라**.
- 문제를 지역사회와 함께 검토하고 개발하여 미래의 공간모습을 제안할 수 있는 지역사회 대표 및 보다 큰 범위의 지역사회 이해집단들이 참여하는 **공공정책토론회를 개최하라**.
- 모임과 관찰의 결과물을 지역사회의 미래 모습을 보여주는 **논의의 범위와 개념안**(conceptual plan)**에 맞도록 변환시켜라**.
- 지역사회와 함께 이들 권고사항을 **재검토하고 논의하라**.
- **실행전략을 개발하라**.
- 미래모습을 나타내는 **설계안과 실행전략으로 발전시켜라**.

좋은 장소를 만드는 데에는 국가 단위의 새로운 교육프로그램이 절실하다.

❸ 혼자서는 할 수 없다

좋은 공공공간은 한 사람이나 한 조직 이상의 많은 사람들을 필요로 한다. 협력자들은 혁신적인 생각과, 물품과 봉사활동 또는 유지관리나 단기 개선안에 도움이 되는 자원봉사자와 같이 추가로 소요되는 재정적 지원을 담당한다. 협력자들은 프로그램 작성과 마케팅, 모금활동, 안전성과 같은 활동에 참여함으로써 계획안의 영향력도 확대시킨다. 협력관계가 상해지면 계획안의 실행에 정치적인 영향력도 행사할 수 있다.

가장 눈에 잘 띄는 협력자는 공간 주변에 있는 사람들과 공공시설들이다. 그들이 앞으로의 공간 이용과 관리 여부에 큰 영향을 미친다. 공공공간의 외부 "가장자리"는 "내부" 가장자리나 실질적인 공공공간과 복잡하게 얽혀 있다. 즉, 각 공간이 좋은 공간이 되려면 다른 공간과 연계되어야 한다. 공공공간의 외부 가장자리에 다양한 공공시설들이 있어 모든 공간이 연계되어 있다고 느끼면, 사람들은 주·야간, 주중과 주말에 모두 지역에 갈만한 이유를 가지고 있다. 그러나 장소의 가장자리에 갈 만한 곳이 없다면, 공공공간이나 그 주변지역에 어느 누구도 가지 않는다.

공간의 "가장자리"에는 학교와 교회, 도서관, 박물관, 상가 등의 여러 협력자들이 있다. "진정한" 협력자는 공간 소유자나 투자자들이다. 예를 들어, 공간이 도심지에 있다면, 아마 주변에 시청이나 도서관이 있을 것이고 이 공공시설들은 공원과나 공간 개선단체가 접촉해야 할 협력자들이다. 공간의 가장자리는 여러 협력자를 만들어 낼 수 있다. 지역주민과 주변 사무실 직원이나 상점주, 종교단체나 문화 혹은 사회복지시설과 학생 모두가 숨겨진 협력자들이다.

"낯선" 협력자

"낯선" 협력자도 찾아보자. 그들은 공간과 인접한 지역에 있지 않아서 바로 떠올리지 못하지만, 여러 다양한 이유로 공간에 관심이 많은 사람들이다. 예를 들어, 그들은 다른 방법으로 얻을 수 없는 지역의 현상과 실태를 보여줄 수 있다.

여러 협력자가 계획의 여러 단계에서 나타날 수 있다. "진정한" 협력자는 문제를 검토하고 초기 관찰집단이 되는 반면

☜ 사진 : 로버트 반하트(Robert Barnhardt)

사례연구 : 뉴저지주, 메이플우드시, 메이플우드 예약관리회사

1990년대 초, 뉴저지 교통국은 여러 철도역들의 이용률이 낮아 철도역 주변지역의 활성화 대책으로 철도역 정비 계획에 착수했다. 메이플우드 철도역 이용객과 주변 상점주들을 면접조사한 후에, 중심가로(Main Street)에서 한 구역만 벗어나도 철도승객들은 물건을 사기 위해 급히 서둘러야 한다는 점을 알게 되었다. 이러한 사실은 통근자들만큼 상인들도 낙담시켰다. 우리는 뉴저지 교통국과 메이플우드 지역상가와의 협력관계를 제안하였고, 철도승객에게 상품과 서비스를 제공하는 "예약관리" 계획을 수립하였다. 메이플우드 역 구내에 놓여진 참나무 안내데스크는 2,000명의 통근자들을 위해 상가의 영업시간외에도 자동차수리에서 저녁식사 배달에 이르는 70여개 상가를 관리하고 있다.

> 중심가로(Main Street)에서 한 구역만 벗어나도 철도승객들은 물건을 사기 위해 급히 서둘러야 한다.

뉴저지 교통국은 지역상가와 접촉하기 위해 지역회의실에서 업무를 함께 보았으며, 단골손님들을 위해 월급제 관리인도 두었다. 고객들은 아침에 직접 또는 팩스로 물건을 주문하고 저녁에 10% 할증된 요금으로 철도역에서 물건을 찾는다. 회계사나 보험계약인, 부동산업자와 같은 서비스업자들은 새로운 고객을 유치하는데 관리인을 이용한다. 뉴저지와 시카고, 볼티모어시의 여러 부서에서 심지어 도쿄와 베를린의 교통국들은 메이플우드 예약관리회사를 그들 도시상황에 맞게 적용하는데 관심을 나타냈다.

뉴저지주, 메이플우드시

에, 다른 나머지 "낯선" 협력자(교통과와 정부기관 등)들은 계획이 진행되어 미래모습이 구체화되면 드러난다. 예를 들어, 도시 관련단체는 공간 개선노력을 시작할 것이다. 계획이 진행됨에 따라, 식물원과 박물관, 보존단체와 같은 협력자가 참여하게 된 것이다. 또한, 교통과는 교통체계의 중심점으로 버스정류장을 정비하는 교통기금을 조성할 것이다. ■

공간의 가장자리는 여러 협력자를 만들어 낼 수 있다. 즉, 지역주민과 주변 사무실 직원이나 상점주, 종교단체나 문화 또는 사회복지시설과 학생 모두가 숨겨진 협력자들이다.

❹ 사람들은 항상 불가능하다고 말한다

공공공간에 직접적으로 영향을 주는 즉, 계획과 교통, 대중교통, 레크리에이션, 교육 분야 전문가들은 공공공간에서 주변인 역할을 한다. 그러므로 전문영역을 벗어나 주제가 확대되면, 가끔 "불가능하다"고 말하기도 한다. 그러나 공무원이 "불가능하다"고 말하면, 그 말은 "우리가 전에 해 본 방법으로는 불가능하다"라는 의미를 갖기도 한다.

정부에는 여러 부서가 있다. 그로 인해, 공무원들은 공공공간을 효율적으로 다루는 능력에 한계가 있다. 부서가 많은 문제점을 제기하고 있지만, 미국 내 어느 도시에도 공공장소의 개발과 관리를 총괄하는 부서와 담당자는 없다.

장벽은 무엇인가?

관료주의의 장벽

몇몇 지역사회에서, 사람들은 공공공간 개선을 불법이라고 생각한다고 보고하고 있다. 예로, 어떤 도시에서는 공공보도에서 먹고 마시는 행위를 금지하고 있어, 보도 카페가 주는 생동감을 없애고 있다. 비슷하게, 여러 공공공간을 활력 있게 하는 중요한 구성요소인 노점상은 19세기의 구위생법에 따라 아직까지 여러 장소에서 법으로 금지되어 있다. 어떤 법은 사회생활조차도 금지하고 있다. 어떤 도시에서는 옥외 체스탁자를 "도박"으로 간주하여 금지하고 있으며, 다른 도시에서는 어미로부터 새끼를 떼어놓은 것이 불법이기 때문에 농산물시장에서 애완동물 판매를 금지하고 있다.

그와 같은 장애물에 대한 최근의 한 가지 해결안은 관료주의를 근절하는 통제 수단으로 상업개선지구(Business Improvement District, BID : 기성 시가지 내 상업지역 재생을 위해 공동체가 발의하는 수법으로 상업 및 업무지구를 활성화하기 위해 설정된 특별지구)를 도입하고 있다.

일반적이지 않지만, 또 하나의 해결안은 새로운 시도를 허용하고 실제로 장려하는 지역을 "관료주의 자유지구"로 지정하는 방법이다.

☜ 뉴욕시, 15번가의 마술공연, 필리프 쁘띠(Phillpe Petite)

사례연구 : 플로리다주, 탤러해시시, 먼로가

플로리다주, 탤러해시시 도심의 직장인들과 상점주들은 문제점을 알고 있다. 도심지의 통과차량이 먼로가를 가끔 55mph속도로 빠르게 통과하여 상점 몇 개밖에 보지 못하고 지나쳐 버린다. 주민들은 도로횡단의 위험 때문에 걸어 다니는 일이 드물며, 상점주들은 자동차를 가진 사람들의 쇼핑을 방해하는 주요 요인이라고 불평한다. 경찰국장조차도 속도위반차량 범칙금의 부과가 그를 "나쁜 놈"으로 만들었다며 화를 내고 있다.

> "지금 어떤 경찰관들은 교통소음방지대책의 신봉자가 되고 있다. 그리고 사람들의 행동방식에도 변화를 가져왔는데, 운전자들은 실제로 전보다 공손해졌다."
> 마릴린 라슨, 탤러해시 도심개선공공기관장

차량의 속도를 감속시키는 동시에 주차량을 늘리는 가장 간단한 방법은 가로와 평행한 주차방식을 직각주차방식으로 바꾸는 것이었다. 우리는 이 방법을 탤러해시 주민들에게 "바로 적용"할 수 있다고 제안했다. 그러나 먼로가는 공식적으로 주(州)고속도로이기기 때문에, 교통공학자들은 지역사회가 직각주차방식으로 쉽게 바꿀 수 없다고 말했다. 어느 누구도 해결책을 내놓지 않자, 탤러해시 도심개선공공기관의 주도아래 상가연합회는 주지사에게 직각주차방식을 실험해보자고 청원했다. 1994년 10월 플로리다 주 교통국(DOT)은 기존의 53개 평행주차방식을 73개의 직각주차방식으로 바꾸었다. 6개월로 예정되었던 실험이 좋은 결과를 낳아 정착되었다. 차량속도는 물론이고, 실제로 교통량도 증가하였고, 나아가 차량속도도 감속되었으며, 안전한 보행지역을 조성함으로써 보행량도 증가시킬 수 있었다. 더구나 도심개선공공기관장인 마릴린 라슨(Marilyn Larsen)은 "지금 경찰관들은 교통정온화(traffic-calming, 지역의 이면도로 등에서 통과교통의 진입을 억제하여 보행자가 안전하고 쾌적하게 통행할 수 있도록 차로폭원 축소 등 교통 환경을 조성하는 기법)의 신봉자가 되고 있다. 그리고 사람들의 행동방식에도 변화를 가져왔는데, 운전자들은 실제로 전보다 공손해졌다."라고 말한다.

이 모든 결과보다 더 중요한 점은 탤러해시 도심 지역사회가 모든 사람들이 불가능하다고 생각한 일을 성공시켰다는 점이다. 먼로가가 성공한 후에, 다른 지역의 도로들도 평행주차방식을 직각주차방식으로 바꾸었다. 현재 플로리다 주 교통국(DOT)에서는 탤러해시시의 긍정적인 결과에 어느 정도 힘입어 교통정온화와 지역사회 건설 및 주 통과도로에 적용하고 있다.

플로리다주, 탤러해시시, 먼로가(전)

플로리다주, 탤러해시시, 먼로가(후)

> *불가능하다고 말하면, 그 방법을 모를 수밖에 없다.*
>
> 요기 베라(YOGI BERRA : 미국 프로야구 뉴욕 양키즈 구단의 전설적인 명포수)

책임소재의 불분명

지역사회의 욕구가 총체적이고 광범위한 반면에 정부의 행정업무는 집중적이고 협소하다. 그리고 공무원들조차도 공공 공간 조성에 대한 책임이 있으나, 현재 정부의 기본 구조와 조직은 때론 지역사회의 욕구를 반영하지 못하고 있다. 시애틀시가 이 문제점을 인식해 행정조직을 재편성한 유일한 도시로 알고 있다. 시애틀 시는 근린주구의 계획과 보전 및 개발을 총괄하는 근린주구국(Department of Neighborhood)을 신설했다. 부서의 책임자인 짐 디에(Jim Diers)는 "시애틀 시는 실제적인 근린주구를 만들려고 했다. 이 부서가 근린주구의 부분인 적극적인 시민과 함께 도시의 중요한 자산이다"라고 말했다.

입무변화의 거부

지역사회에 장소를 만드는 것이 목표라면, 근린주구를 담당하는 공무원은 목표 달성에 그들이 가지고 있는 기술을 적용할 필요가 있다. 예를 들어, 교통공학자들이 일반적으로 생각하는 "안전성과 이동성"은 활력이 넘치는 도심지의 여러 공공 공간 개선에 부대사항이 될 것이다. 공무원들의 목표가 지역의 통과교통을 효율적으로 이동시키는 것인 반면에, 상가와 개발업자 및 투자자들은 같은 교통량이 서서히 줄어들길 바라면서, 차 없는 거리를 걷고 쇼핑할 수 있는 방법을 찾는다. 그러나 많은 다른 전문가들과 같이 교통전문가는 새로운 방법들을 수용하고 있다.

최근에, 어떤 교통공무원은 "맥락에 민감한 설계"로 지역사회와 조화를 이루면서 조성하는 교통계획안이라는 새로운 가치체계를 채택했다.

그래서 어떤 사람이 "불가능하다"라고 말하면, 아마 아직까지 해 본 적이 없었을 것이라고 대답하라. 그리고 하던 일을 계속하라! ■

❺ 관찰만으로도 많은 것을 볼 수 있다

매일 수많은 사람들이 이용하는 소규모 근린공원이든 버스 정류장, 철도역이건 간에, 장소를 관찰해보면 이용량보다는 실제로 이용하고 있는 방법을 알 수 있다. 관찰은 직관이나 의견으로 생각되는 여러 항목들을 계량화할 수 있다.

사람들의 공간 이용방법을 기록하거나 도면으로 기록함으로써, 공간에서 그들이 원하는 많은 것을 알 수도 있다. 사실, 사람들은 특정한 방식으로 공간을 이용하기 때문에 이상한 행동도 볼 수 있다. 예를 들어, 사람들은 가끔 쓰레기통을 의자로 사용하고, 영수증을 분류하며, 대합조개를 요리하는데 사용하기도 한다. 때론 말보다는 행동을 살펴보면 더 많이 알 수 있다.

공공공간은 주중과 주말 여러 시간대의 공간 활동을 기록하고, 사람들이 공간을 이용하는 경로를 추적하거나 행사기간이나 특정 지역에서 사람들과 시설물을 집계하는 등의 방법으로 관찰할 수 있다. 여러 다양한 항목들 즉, 사람과 자동차, 자전거, 유모차, 심지어 애완동물까지도 집계할 수 있다. 쓰레기가 있는 지역을 통과하는 공간이나 사람들이 잔디밭을 가로질러 생긴 잔디가 벗겨진 길에서 활동을 추적할 수도 있다. 정밀한 장비를 갖고 있다면, 저속도 촬영(time lapse photography)이나 비디오 촬영은 정보 수집뿐만 아니라 시각적 결과를 효과적으로 제시할 수 있는 장점을 가지고 있다.

면접을 해보면 사람들이 이용하고 있는 공공공간을 어떻게 지각하고 있는지와 왜 특정 방식으로 이용하고 있는지를 알 수 있다. 면접은 대화의 일종으로, 몇 가지 비공식적 질문에서 긴 시간동안 양식화된 조사까지 다양한 방법들이 있다. 모두 조사 목적에 따라 방법과 장단점이 다르다.

요기 베라는 "관찰로 많은 것을 볼 수 있다"라고 말했다. 그는 "귀 기울여 듣기만 하여도 많은 것을 알 수 있다"고 덧붙였다. 어느 누구라도 공공공간이나 주변에서 일어나는 활동을 관찰하고 사람들의 공간 이용을 주의 깊게 살펴봄으로서 엄청나게 많은 정보를 알 수 있다.

루이지애나, 뉴올리언스

사례연구 : 뉴욕주, 뉴욕시, 브라이언트 공원

지금은 미국에서 가장 좋은 도시공원 중 하나이나, 80년대 초 맨해튼 미드타운에 있는 브라이언트 공원은 마약 판매원으로 가득 차 있었다. 안전에 대한 두려움과 함께 공원은 높은 울타리로 막혀 있고, 보기에도 지저분했으며, 활동도 일어나지 않아 브라이언트 공원을 걷고 싶었던 많은 회사원과 관광객들이 전혀 들어갈 수 없었다. 공간의 문제점을 이해하고 공원의 이미지와 현실을 바꾸기 위해, 우리는 공원을 실제로 어떻게 이용하고 있는지를 알 필요가 있었다. 우리는 긍정적 · 부정적인 활동이 일어나는 공간을 모두 "도면에 표시"했으며, 공원 이용자들을 대상으로 면접 조사했다. 중요하게 나타난 결과는 공원 입구 주변의 마약 판매와 같은 부정적인 활동이 공원을 매우 제한적이고 어둡게 만들어, 공원에서 입구 주변을 지나가는 사람들을 보기 어렵다는 점이다.

여러 사람들이 잠자고 서성거리는 나무 아래의 어두운 지역 외에는 공원에서 사람들이 할 수 있는 활동은 아무것도 없다는 점이었다. 먹을 꺼리를 사고, 사람들이 모여들만한 행사가 일어날 만한 장소가 없었다.

또 다른 중요한 점으로, 여러 사람들이 잠자고 서성거리는 나무 아래의 어두운 지역 외에는 공원에서 사람들이 할 수 있는 활동이 아무것도 없다는 점이었다. 먹거리를 사고, 사람들이 모여들 수 있는 행사 장소도 없었다. 공원의 범죄율은 실제로 매우 낮았지만 범죄에 대한 인식은 정반대로 나타났다. 주변 사무실의 회사원들을 면접 조사한 결과, 공원의 마약판매상을 두려워하여 공원 이용을 꺼려하고 있었다. 동시에, 마약판매상들은 마약이 필요 없는 사람들은 사지 않는다고 말하고 있었으나 그들이 공간을 독점하고 있었다.

우리의 설계안은 공원 입구를 확장하고 사람들이 공원 내부를 보는데 방해가 되는 관목을 제거하는 방법이었다. 스낵과 샌드위치라는 다른 유형의 활동이 일어나고 있는 현재의 "상가"를 대치할만한 두 개의 매점을 공원의 주 입구에 설치하였다. 녹색의 작은 이동식 야외 의자를 사람들이 원하는 곳에 앉을 수 있도록 여기저기에 배치하였다. 관리를 담당하는 브라이언트 공원 개발회사가 야외 영화 상영과 공원 이용자들을 위해 체스와 체스게임용 작은 탁자를 임대하였다. 식당과 작은 카페는 사람들이 떨어져 있다고 느끼는, 특히 이용하지 않는 공원 뒤쪽 구역에 설치하였다. 현재 공원은 맨해튼의 중심부에서 가장 붐비고 안전한 오아시스로서 그 역할을 다하고 있다.

뉴욕시, 브라이언트 공원(전)

뉴욕시, 브라이언트공원(후)

이야기하기(storytelling)도 사람들이 공공장소를 이용하는 방법과 불만 요인이 무엇인지, 사람들이 공간과 상호작용하거나 사람들이 서로 접촉하는 이유가 무엇이며, 왜 특정 공간을 회피하는지 알 수 있는 좋은 방법이다. ■

사람들이 쓰레기통을 의자로 사용하고, 영수증을 분류하며 대합조개 요리에 사용하는 것을 볼 수 있다. 때론 말보다는 행동을 살펴보면 더 많이 알 수 있다.

뉴욕시, 칼 슐츠 공원

관찰자 살펴보기 : 이 의자들은 경치도 보고 지나가는 사람들도 볼 수 있도록 양배면 의자로 바꾸어야 한다.

❻ 미래 모습을 제시하라

공공공간의 미래 모습은 공간에서 일어나는 활동과 필연적으로 관련된다. 다음으로, 장소의 미래모습은 전문가나 정부기관보다는 주변에서 생활하고 일하는 사람들이 분명하게 제시해야 한다. 모든 지역사회에는 장소의 "미래 모습"을 발전시킬 수 있는 방법을 가진 사람들이 무수히 많음을 알 수 있었다. 전문가가 이 방법들을 발전시킬 수 있는 방법 중 하나는 그들이 전에 즐거움을 느꼈던 여러 장소를 생각하게 한 다음, 그 장소에서 일어난 활동과 활동을 유발한 물리적 요소(시설물)들을 조사하는 간단한 방법이다.

좋은 장소(심지어, 실패한 공간이더라도)에 대한 묘사는 공간의 활동(또는, 활동의 부족)을 상세하게 조사하는 좋은 방법일 뿐만 아니라, 물리적 요소(시설물)와 특성, 관리실태 등도 나타낼 수 있다. 관찰과 면접, 사람들과의 대화를 통해 현재의 공간이용 자료를 수집하여 추가로 살펴볼 수 있다.

지역사회와 함께 수행했던 우리의 경험에 비추어보면, 특정 장소의 미래 모습이 생각보다 빨리 드러날 수 있다. 지역사회의 미래모습은 일반적으로 현실적이고 구체적이며, 혁신적인 생각들로 채워져야 한다. 왜냐하면 개인과 전문가나 시당국이 제안하는 미래 모습보다 여러 분야가 폭넓게 관련되기 때문이다. 지역사회의 미래모습도 지역사회와 일정 거리를 두고 참여하는 사람들보다 거주민이나 직장인들은 결과물을 빨리 살펴보기를 바라기 때문에 단기간에 실행할 수 있는 방법들도 많이 알고 있다.

공간의 미래 모습이 없으면, 지역사회의 공간 "개선"과는 관련 없는 사람들이 참여하고, 지역사회의 욕구가 아닌 것을 시도할 수밖에 없기 때문에 지역사회가 배제된다. 예를 들어, 지역사회는 이미 보행공간의 협소나 빈 땅이 근린주구에 필요한 소공원이나 농산물시장으로 개발되기를 바라고 있지만, 교통기술자는 도로를 확장할 것이다.

"묵시가 없으면 백성이 방자해진다." 잠언 29:18

야외전시, 파리, 샹젤리제, 니키 드 생팔(Nikki De St. Phale, 예술가)

사례연구 : 텍사스주, 포트워스시, 하이드공원 공공광장

텍사스 주 포트워스시에는 "도심지"가 없지만, 지역주민들 사이에는 도심지를 만들어야 한다는 공감대가 있었다. 1999년에, 우리는 시청 주변의 이해집단들이 그들이 소유한 건물 전면의 공공지역을 개선하고, 포트워스시 도심지에 좋은 공공장소를 함께 조성하기로 결정하는 놀라운 워크숍을 개최하는데 도움을 주었다. 이들 이해집단들은 시청과 연방건물, 주법원, 재개발될 몇몇 개인 소유 건물, 컨벤션센터, 교회, 주요 공공시설회사의 본사에 근무하는 직원들이 포함되었다. 이들 모임의 결과로, 초기의 미래 모습은 새로운 중심광장의 조성으로, 주변 건물의 직장인들이 함께 올 수 있으며 아무 것도 없는 지역에 강한 정체성을 주는 장소였다.

"사람들에게 가능성을 보여주는 것이 실제로 중요하다. 어떤 사람들은 그들이 바라는 미래 모습을 가지고 있으나, 어떤 사람들은 생활하면서 관심조차 갖지 않는다. 어떤 것을 보여주고자 한다면, 그들 자신의 생각들로 참여하게 해야 한다."
일레인 페트루스, 지역사회 자원봉사자

과학기술은 보다 처음의 미래 모습을 발전시켜나가고 지역사회의 폭넓은 참여를 유도하는 중요한 도구이다. 도시계획부는 지역역사에 관한 사진과 설명 그리고 광장에서 일어날만한 활동들을 포함시킨 계획안 웹사이트를 만들었다. 지역의 직장인들은 웹사이트에 관한 전자메일을 받았고 계획안에 참여하도록 요청받았다. 쉽지만 중요한 방법은 공간의 특성과 이용, 활동에 대한 온라인 조사 결과이다. 이 "의견 조사"는 지역사회의 요구조건 즉, 모든 세대의 흥미를 끄는 공간과 대중교통의 접근과 선택, 라이브 공연, 많은 수의 의자(대부분이 그늘 아래에 있는), 음식과 꽃 판매대, 공공예술과 연관성이 높은 분수대를 포함하는 새로운 광장의 프로그래밍 개념을 발전시키는데 도움을 주었다. "사람들에게 가능성을 보여주는 것이 실제로 중요하다. 어떤 사람들은 그들이 바라는 미래 모습을 가지고 있으나, 어떤 사람들은 생활하면서 관심조차 갖지 않는다. 어떤 것을 보여주고자 한다면, 그들 자신이 판단하여 참여하게 해야 한다." 라고 여러 도심지 계획안에 참여하고 있는 지역사회 자원봉사자인 일레인 페트루스(Elaine Petrus)가 말했다.

텍사스주, 포트워스시, 새로운 광장 계획부지

미래 모습의 제시 과정에서 실행을 가능하게 하는 전문가의 역할이 꼭 필요하다. 이 관점에 따르면, **공공공간의 미래 모습이 갖추어야 할 주요 특성은 다음과 같다** :

- 임무나 **목표 제시**
- **공간이용방법**과 이용자의 확인
- 공간의 **특성** 제시
- **설계**공간의 개념도
- 비슷한 공간이나 부분 공간의 **사례나 모델**

지역사회의 미래 모습은 일반적으로 현실적이고 구체적이며, 혁신적인 생각들로 채워져야 한다. 왜냐하면 한 개인과 전문가나 시당국이 제안하는 미래 모습보다 여러 분야가 폭넓게 관련되기 때문이다.

❼ 형태는 기능을 지원한다

설계가 공공공간을 만드는데 중요하지만, 가장 좋은 공간은 지역사회가 공간을 어떻게 이용하고 있는가를 이해함으로서 만들 수 있다. 이 책에서 개략적으로 설명한 원칙대로 실행한다면, 탁월한 감각으로 장소를 만드는 설계과정을 시작할 수 있을 뿐만 아니라 그 과정을 보다 창의적인 생각들로 가득 채울 수 있다.

지역사회의 특성과 미래모습을 바탕으로 하는 방법이 설득력이 높은 설계설명서를 미리 앞질러 나감을 의미하지 아니며, 때론 그 과정이 계획안의 강점이 될 수도 있다.

건축가나 조경가의 오픈스페이스 설계는 일반적으로(항상 그렇지는 않지만), 개인이 아름답고 매력적이라고 믿는 내용을 머릿속에 그려보는 것이다. 일반적으로, 공간이 수용하거나 수용할 수 있는 활동이나 이용을 바탕으로 하지 않는다.

대부분의 경우, 설계의 본질은 공간이 만들어진 후가 아니더라도 사람들이 공간을 어떻게 이용할 것인가에 중심을 둔다. 실제로, 옛 공간을 개선하는 많은 경우, 시작단계에서부터 기능을 깊이 있게 고려하지 않았기 때문에 실패한 공공공간이 된다. 이러한 관점에서, 우리는 지역사회의 욕구를 논리정연하게 정리하는 설계가가 궁극적으로 공간은 이용될 것이기 때문에, 공간을 보고 들어오게 만드는 재미있고 매력적인 공간을 설계할 수 있다고 믿고 있다.

우리는 다양한 기능으로 활력을 줄 수 있는 공간 계획에 유용한 몇 가지 주요 단계를 발견했다.

- 공간의 이용이나 기능을 **분류하라**.
- 공간 내의 **상호 관련된 이용이나 기능을 다이어그램으로 나타내라**. 여러 장소를 보여주는 "이용과 활동"의 다이어그램을 그려 보는 것도 좋은 방법이다.
- **지역사회의 기능과 특성을 반영하고 지원할 수 있는 설계로 발전시켜라**.
- **크고**(전체 특성) **작게**(사람들이 앉는 장소) **생각하라**.
- **여러 좋은 장소들을 연구하고 배워라**.

벨기에, 브뤼해

사례연구 : 뉴욕주, 뉴욕시, 록펠러 센터

록펠러 센터는 뉴욕시 아니 미국 전역을 통틀어 가장 인기 있는 공공공간 중의 하나이다. 지난 50년 동안 성탄절을 밝혀온 뉴욕시의 크리스마스트리가 있는 록펠러 센터의 유명한 스케이트장을 5번가까지 확장하였다. "형태가 기능을 지원한다"의 간단한 예는, 1970년대 중반 사람들이 정원 식재대의 가장자리에 앉아 식물을 눌러 뭉개는 행동이 록펠러 센터의 관리문제로 부각되었다. 식재대에 사람들이 앉지 못하도록 식재대 위에 "담장못"을 박는 초기 개선안을 거부하고, 공간 내에 앉을 곳을 만들기 위해 식재대 주변에 나무의자를 설치하는 관리방법을 받아들였다. 이 작은 시설물이 수목을 보호하고 방문객을 수용하며, 이용과 활동을 활발하게 하고, 지역을 아름답게 유지하는 설계가 록펠러 센터의 전형적인 관리 접근방법이 되었다.

식재대에 사람들을 앉지 못하도록 식재대에 '담장못'을 박는 방법을 거부하고, 공간 내에 앉을 곳을 만들기 위해 식재대 주변에 나무의자를 설치하는 관리방법을 받아들였다.

뉴욕시, 록펠러센터(전)

뉴욕시, 록펠러센터(후)

지역사회의 미래 모습을 간직하면서 제 역할을 다하는 공간으로 바꾸는 일은 도전임이 분명하다. 우리는 도전함으로써, 새로운 형태의 공공공간과 건물을 만들 수 있다고 믿고 있다. 한편으로는, 지역사회의 의견과 지식을 미리 파악하여야 하고, 다른 한편으로는 공간의 기능을 이해하는 방법을 알아야 한다. ■

"사람들은 앉았던 곳에 다시 앉는 성향이 가지고 있다. 분수가 매력적이고 설계가 잘되었더라도 앉을 곳이 없으면 사람들이 앉지 않는다. 이상적으로, 앉는 곳은 등받이가 있고 색깔이 예쁜 의자로 물리적으로 편안함을 주어야 한다. 그러나 더 중요한 점은 사회적으로 안전해야 한다."

윌리엄 화이트

프랑스, 파리, 뤽상부르정원

❽ 구획으로 나누어라

구획으로 나누는 공공공간계획기법은 공공공간 주변의 활동이 활발하게 일어나도록 시설물을 배치하는 방법이다. 각각의 이용을 다른 이용과 분리시키는 방법이다. 예를 들어, 의자와 쓰레기통, 전화박스는 버스정류장이나 시장, 공원 입구에 함께 배치해야 하는데, 이는 시설물이 따로 떨어져 있는 것보다 더 많은 활동 기회를 제공하기 때문이다. 또 다른 예로, 새로운 도서관의 어린이 열람실이 공원 놀이터의 매점과 인접하고 있다면, 이들 시설물을 분리하여 배치하는 것보다 더 많은 활동을 일어나게 한다.

가끔 구획으로 나누는 방법은, 예로 흥미로운 시설물이 있는 혼잡한 도시가로의 구석지역에서 일어나는데, 공공예술계획안으로 여러 도시의 가로에 설치된 시설물로 예술가가 채색한 실물 크기의 유리섬유로 만들어진 젖소 조각물을 말한다. 젖소 조각물은 낯선 사람들이 서로 얘기를 나눌 수 있는 구실을 만들어낸다. 농산물 시장은 구획으로 나누어 배치하기 좋은 장소이다. 즉, 사탕수수에서 일본산 가지와 저지산 토마토의 특성과 요리방법에 관해 낯선 사람들과 언제든지 얘깃거리를 만들어 낼 수 있다. ■

캘리포니아, 라구나 해변

사례연구 : 코네티컷주, 뉴헤이번시, 채플가

한 때 활력이 넘쳤던 코네티컷주, 뉴헤이번시 주도로인 채플가는 몰락해 버렸다. 전문가의 해결안에 대해 자산소유주들은 매점과 의자, 여러 가로시설물이 있는 "가로경관 계획안"이 필요하다고 말했다. 가로변을 따라 상가 전면의 쇼윈도를 가로막는 식재안으로는 상점주들을 만족시킬 수 없었다.

"전체가 모자이크와 같다. 각각의 조각 즉, 가로시설물과 화단, 가로변 상가의 시설물, 식재가 신중하게 고려되어야 한다. 적절하게 배치하려면, 실제적인 근린주구를 조성하는데 이 모든 것들을 함께 고려해야 한다."
조엘 쉬아본, 뉴헤이번시 개발업자

우리는 가로의 기능을 상세하게 조사해보기를 제안했다. 우리는 도로가 확장되기 몇 해 전에도 좁았던 보도가 노상카페를 수용하기에 더 좁아진 사실과 함께 몇 가지 중요한 점을 발견했다. 이 이상한 재설계도 주차장을 없애 차량속도를 높였다. 채플가가 산책하고 쇼핑할 수 있는 좋은 장소가 되기보다는 이동통로가 되었다. 재설계 직후, 상가는 바로 타격을 입었고 가로의 활기도 시들어 버렸다.

우리는 다른 계획안으로 채플 가로를 여러 장식물로 꾸미지 않은 실제로 이용되는 장소 만들기를 제안했다. 우리가 제시한 방법은 가로의 기능과 활동을 지원하는 것이었다. 보도는 야외식사를 할 수 있도록 원래의 넓이로 교차로에 복원하였고, 나머지 공간에 주차장을 배치했다. 나무가 상가의 쇼윈도를 가리지 않고, 몇 개의 시설물이 제 역할을 할 수 있도록 배치하였다. 예로, 쓰레기통의 위치에 따라 두 개의 의자를 사람들이 기다리는 상점근처에 설치하였다. 모든 시설들을 상호 관련시켜 재배치한 결과는 참으로 놀라웠다. 채플가는 활기를 되찾았다. "전체가 모자이크와 같다. 각각의 조각 즉, 가로시설물과 화단, 가로변 상가의 시설물, 식재가 신중하게 고려되어야 한다. 적절하게 배치하려면, 실제적인 근린주구를 조성하는데 이 모든 것들을 함께 고려해야 한다."라고 재설계를 성공시킨 조엘 쉬아본(Joel Schiavone) 개발업자가 말했다.

뉴헤이번시, 채플가의 시공 전 모습

뉴헤이번시, 채플가의 시공 후 모습

공공공간을 계획하는 주 목적은 공간의 시설물들과 공간을 이용하는 사람들을 서로 관련시켜 활동을 만들어 내는데 있다. 이렇게 하려면, 구획으로 나누는 방법 즉, 시설물을 서로 관련시켜 사람과 장소를 서로 연계시키는 모의실험이 중요하다.

❾ 피튜니아로 시작하라

장소 만들기는 계획안이기보다는 실행이다. 여러 원대한 계획들은 거대하고, 비용이 많이 들며, 장기간에 걸쳐 진행되기 때문에 어려움에 빠졌다. 피튜니아를 심는 것과 같이 단기적 실행은 방법을 검토해볼 수 있을 뿐만 아니라 사람들에게 변화모습에 대한 확신감도 줄 수 있다.

여러 좋은 장소들은 장기계획이 진행되는 과정에서 평가되어 단기적 행동으로 이루어졌다.

우리는 지금 공원에 활력을 불어넣어 본래의 지역자산으로 복원할 필요가 있는 도심지 공원 개선사업을 수행하고 있다. 이 공원개선에는 비용이 많이 드는 장기 캠페인이 필요하기 때문에, 공원 주변에 작은 텐트 구조물을 설치하여 책시장을 열었다. 이 실험은 공원개선단체에게 확신감을 주었으며, 상점이 사람들을 끌어들이고 공원에 활기를 불러일으킨다는 사실을 검증하였다. 몇 년 후 공원이 재시공되었을 때, 모든 상점들이 관리계획에 포함되어 있었다.

하버드경영대학원 존 코터(John Kotter) 교수는 회사나 조직의 혁신 프로그램을 성공적으로 이끈 사람들은 항상 "단기간에 성취할 수 있고, 6달이나 12달 내에 그들이 노력하여 눈에 보이는 결과를 낳을 수 있는 방법을 찾는다"고 말했다. 이러한 사실은 그들에게 신뢰감을 주고 냉소적인 사람들을 차단한다. 냉소적인 사람들은 항상 많다. 중요한 변화는 시간이 걸리므로 단기간의 승부가 필수적이며 장기 전략에 통합되어야 한다. ■

오하이오, 클리블랜드 보도

사례연구 : 뉴욕주, 뉴욕시, 멀리 광장

> "단기적으로 간단하고 눈에 보이는 행동을 실험해 봄으로써, 우리는 도시가 보다 많이 투자하도록 만들 수 있다."
> 셜리 세쿤다, 지역위원회 위원

뉴욕시의 위험한 교차로가 있는 몇 몇 가로에서, 교통과와 지역주민은 보행자의 안전을 개선하는 지침을 개발하였다. 1994년에 작성된 권고사항에는 가로 구석의 보도를 확장하고, 횡단보도를 변경하며, 나무를 심는 외에도 새로운 횡단보도와 보도의 "안전지대"를 페인트로 새로 칠하고, 임시 볼라드(bollard, 차량 진입 방지 시설물)와 식재공간의 조성, 교통신호등의 점멸주기 변화와 같은 단기적 개선과 실험을 수행했다. 시청도 변화를 규제하지 않았으며, 한시적으로 측정결과를 "살펴보는"데 동의했다. 차량의 흐름을 완화시키고 교차로의 보도이용을 활발하게 하는 결과로 나타났다. 이 결과에 따라, 시청은 기존의 보행구역을 화강석으로 포장하고 새로운 수목과 식물을 식재하고, 가로조명을 설치하는 등 지속적으로 개선하고 있다. "도로 차선을 페인트로 칠하는 간단하고 눈에 보이며 한시적인 행동을 실험해 봄으로써, 우리는 도시가 더 많이 투자하게 만들수 있다"고 지역위원회 위원인 셜리 세쿤다(Shirley Secunda)가 말했다.

뉴욕시, 멀리광장(전)

뉴욕시, 멀리광장(후) 흰색 줄은 보도와 횡단보도계획안임

공공공간을 만들거나 바꾸는데 있어, 작은 개선은 목적을 달성하는 과정에 여러 지지세력들을 결집시킨다. 그들은 눈에 띄는 변화와 책임자가 있음을 보여준다. 값이 싸고 쉽게 심을 수 있는 피튜니아는 곧바로 눈에 보이는 결과를 낳는다. 그러나 일단 심으면 물을 주거나 관리해야 한다. 따라서, 이 꽃들은 어떤 사람이 공간을 보살피고 있다는 사실을 뜻한다.

뉴욕시, 팔레이 공원

⑩ 돈은 논의의 대상이 아니다

너무나도 자주 예산의 부족이 아무 것도 할 수 없음에 대한 변명으로 이용되고 있고, 이 원칙은 이전에 논의했던 "그들은 항상 '불가능하다'라고 말한다"로 되돌아가게 하는 이유이다. 사실, 우리는 너무 많은 비용이 실제로 좋은 장소를 만드는데 필요한 독창성과 창의력을 방해한다고 말하는 어려움에 처해 있나. 이들 사례에서, 비용은 보통 "잘 알고 있다"라고 생각되는 전문가에게만 맡겨져 있다.

그러나 공간을 이용하는 사람들보다 그 어느 누구도 공공공간을 잘 알고 있지 못하다. 돈이 논의의 대상이 되면, 일반적으로 개념이 잘못되었다고 지적하나, 이는 시민이 장소를 좋아하지 않는 것이 아니라 비용이 많이 드는 계획이기 때문이다.

비용과 공공공간에 관한 4가지 교훈

- **작고 예산이 적게 드는 개선안은 큰 계획안보다 사람들을 공간에 끌어 모으는데 효과적**이라고 앞서 "피튜니아로 시작하라"의 원칙에서 밝혔다. 노점과 옥외 카페 탁자와 의사, 양산, 꽃, 의자나 이동탁자와 같은 시설물들은 비교적 저렴하다. 그런 시설물들은 공공간의 전체 예산과 비교해보면, 일반적으로 값이 싸지만 가끔 여러 장소의 가치가 없는 시설과 비교해 장식물로 취급하여 예산을 삭감한다.
- **공원의 효율적인 관리가 대규모의 재정투자보다 좋은 장소를 만드는데 중요하다**. 관리는 마지막 원칙인 '끝나지 않았다'의 주제이나 여기에서 언급하고자 하는 것은 공간의 실제적인 투자는 비용을 들지 않는 즉, 좋은 관리가 해낼 수 있다는 점이다. 예를 들어, 바로 관심을 끌 수 있는 이동식 시설물을 설치하고 여러 행사를 유치하거나, 공간의 이용변화에 실피는 지속적으로 관리하는 방법들이 좋은 장소를 만든다.

돈이 논의의 대상이 되면, 개념이 잘못되었다고 지적한다. 이는 시민이 장소를 좋아하지 않는 것이 아니라 비용이 많이 드는 계획이기 때문이다.

매사추세츠, 스프링필드, 팬케이크 축제(사진 : 스프링필드 중심가)

사례연구 : 캘리포니아주, 산 라파엘시, 앨버트 공원

캘리포니아주 소도시의 공원과장은 공원을 개선해야 함을 알고 있었다. 그러나 예산이 없었다. 동시에 매우 헌신적이고 강력한 지역사회가 공원에 큰 관심을 보였다. 지역사회의 힘을 타진해 보는 것이 과제였다. 우리들은 공원 이용객과 그들의 공원에 대한 인식을 조사하여 공원과장에게 도움을 주었다. 공원과장은 공원 내의 활동 부족에서 공원 가장자리에 위치한 노인정과 관련이 적다라는 문제점들을 발견했다.

개별 목표를 달성하기 위한 위원회가 결성된 후, 지역사회는 모든 관계자들을 소집하여 물품을 기증받았고, 많은 지역상인과 시민집단으로부터 지원을 받았다.

관심이 있는 시민들이 기초 평가결과물을 논의하기 위해 1992년 모임에 참석했다. 그들은 보치(bocce)장의 설치와 정형식 정원의 조성, 공원과 노인정을 연결하는 지붕을 설치하자고 제안했다. 공원과장은 시청이 지역사회의 미래모습을 실현할 수 있도록 도움을 준다고 약속했지만, 연관부문 모두가 함께 노력해야 함을 주장했다.

개별 목표를 달성하기 위한 위원회가 결성된 후, 지역사회는 모든 관계자들을 소집하여 물품을 기증받았고, 많은 지역상인과 시민단체로부터 지원을 받았다. 시청은 신속하게 계약하고 많은 권한을 지역사회 구성원에게 위임을 하는 등 시공허가에 융통성을 발휘했다.

특히, 보치장은 시민들의 자랑거리로 자리 잡았다. 놀이 참여자와 가족들은 산 라파엘시 전역에서 밤마다 포도주와 피크닉, 바비큐를 즐기기 위해 찾아왔다. 시민회관을 자주 이용하는 노인들이 공원 안으로 바로 들어오는 일이 드물었으나, 지금은 주간 노인 보치리그를 결성했다. 지역 정치가와 시 공무원은 공원에서 열리는 모임에 참석하고 있으며 텔레비전과 신문기사 그리고 소식지는 미국뿐만 아니라 유럽의 보치광들을 끌어 모으고 있다고 외부인들에게 자랑하고 있다.

캘리포니아주, 산 라파엘시, 알버트 공원

- **지역사회가 협력자라면, 여러 사람들을 직접적이고 자연스럽게 끌어들일 수 있다.** 세 번째 원칙인 "혼자서 할 수 없다"에서 밝힌 바와 같이, 이 지침은 장소를 활성화시킬 수 있는 협력자들의 협조를 구하는데 도움을 줄 것이다. 이들 협력자들은 금전이 아닌 물품 기부와 자원봉사의 형태로 이루어질 것이다. 결론적으로, 얻어지는 편익과 비례해 비용은 줄어든다. 미국 전역의 근린주구에서, 무엇보다도 특히 남고 버려진 빈 땅을 지역사회의 중요한 장소로 바꾸고 사람들을 모아 보살피게 하고 있다. 이 공간을 관리하는 비용은 돈이 아니라, 소유권(sweat equity, 미국에서 노동 부가로 얻은 소유권－황폐 건물에 입주자의 노동력을 부가시켜 일정 기간 싼 집세로 거주시킨 후 소유권을 주는 정책)을 얻을 가능성이 높다는 점이다.
- **지역사회의 미래 모습이 계획을 주도해 나가면, 비용은 자연스럽게 해결된다.** 비용이 많이 드는 계획안을 받아드리면, 때론 실현하기가 어렵다. 그 이유는? 이러한 계획들이 지역사회의 미래 모습을 반영하지 않았기 때문이다. 가장 바람직한 공공공간 계획은 장소가 점차적으로 조금씩 성장해 가는 점진적 접근방법을 사용하는 경향이 있다. 즉, 사람들은 성장해 가는 곳에 더 많이 투자한다. 먼저 지역사회의 목소리와 마음을 담고 있는 계획안이라면, 돈은 저절로 따라온다. ■

Camden
CLEAN SWEEP
SWEEP

⓫ 끝나지 않았다

좋은 장소를 만드는데 현상설계작품이 필요하지 않다라는 결론에 도달했다. 좋은 장소는 주로 지역사회의 미래 모습과 뛰어난 관리계획에 바탕을 두고 있다. 공공장소의 성공여부는 80% 정도가 관리에 좌우된다고 평가한다. 공간의 설계안이 아무리 좋더라도, 관리가 잘되지 않으면 결코 활력 넘치는 장소가 될 수 없다.

관리는 좋은 장소가 매일, 주별 그리고 계절별로 바뀌는 즉, 고정적이지 않기 때문에 중요하다. 좋은 유지관리에는 변화를 감당할 수 있는 융통성이 있어야 한다. 특정 변화와 여러 시기에 따른 장소의 이용성향에 효과적으로 대처할 수 있어야 한다.

공공공간의 관리는 공공공간의 유형뿐만 아니라 도시와 지역에 따라 몇 가지 다양한 차원에서 다루어질 수 있다. 어떤 장소는 자금과 직원을 갖춘 관리조직을 가지고 있는 반면에, 다른 장소는 자원봉사자에게만 의존한다. 여러 도시에서, 민간부문은 상업개선지구(BIDs)를 통한 도심지관리기금을 조성하고 주요 가로 관리프로그램 및 보존과 협력단체가 공공부문을 보완하며 앞서 가고 있다. ■

메인, 캠던

사례연구 : 캘리포니아주, 샌버너디노시

대략 20년 동안, 샌버너디노시의 도심지는 개발되지 않았다. 지역 유지들은 도심 환경을 개선하지 않고서는 경제 활성화가 불가능함을 확신하게 되었다. 도시 가로의 대부분은 매우 넓었고, 차량은 멈추지 않고서도 속도를 유지할 수 있었다. 도심지는 시청 앞의 1에이커 넓이인 주차장이었다.

여러 집단이 참여하도록 확대시키지 않았다면, 장소는 실질적인 시민광장으로 결코 개발될 수 없었을 것이다.

몇 차례의 지역사회 모임에서 사람들이 모일 수 있는 가설구조물과 한 쪽에는 주차장을 갖춘 중심광장을 만들기로 결정하였다. 모임 후 정확히 9개월이 지나, 잔디를 심고 가설구조물을 세우는 간단한 작업으로 광장이 만들어졌다. 광장은 순식간에 성공적인 결과를 낳았으며, 여러 지역사회 집단을 위한 행사와 활동이 열렸고, 광장의 유용성에 대한 반응도 좋았다. 열광적인 호응이 이어졌다. 지역사회 모임은 다음 단계의 광장계획안을 개발하기 위해 열렸다. 그리고 도심지의 변화를 바라는 사람들이 장소에 투자했다. 광장은 활력이 넘치는 도심지가 되었고, 샌버너디노시의 경제 활성화에 큰 영향을 주었다.

시민들은 한 가지 중요한 실수를 범했으나 계획을 잘 마무리 지었다. 관리조직을 구성했으나 관리방향을 잡지 못해 지금은 의기소침해있다. 공원과로 관리를 이관하자는 의견이 있었다. 정규적인 행사가 아직까지 광장에서 열리고 있으나, 동일한 지역집단이 행사를 관리하고 있다. 여러 집단이 참여하도록 확대시키지 않았다면, 장소는 실질적인 시민광장으로 결코 개발될 수 없었을 것이다.

캘리포니아주, 샌버너디노시(전)

캘리포니아주, 샌버너디노시(후)

프랑스, 파리, 뤽상부르 정원

공공공간을 이용하는 사람들이 많아 공공공간이 마모되지만 이는 바람직한 현상이다. 사람들이 이용하고 좋아하는 시설들을 정기적으로 교체하거나 수리할 필요가 있다. 장소의 변화를 요구하고 변화의 필요성을 받아들이며, 변화를 조절할 수 있는 융통성 있는 관리가 좋은 공공장소를 만든다.

Ⅳ. 공공공간 평가방법

목차

먼저 조사내용을 알고 있다면, 공공장소의 기능과는 관계없이 무수한 실마리를 볼 수 있다. 우리는 이러한 실마리를 검토하고 해석할 수 있는, 비교적 간단한 질문에서 공공공간을 상세하게 평가할 수 있는 여러 기법을 개발하였다.

평가에는 사람들이 공간을 이용하는 방법과 공간의 물리적 요소(시설물)가 이용에 어떤 영향을 미치는지를 관찰하는 현장답사가 있다. 장소를 이용하는 사람들과 주변에 살거나 일하는 사람들에게 장소에 대한 의견을 물어보는 방법도 있다. 좀 더 복잡한 평가에는 부동산 가격과 인구·통계적 변화와 같은 자료가 필요하다. 사람들이 이용하지 않는 빈 공간은 사람들이 많이 이용하는 장소보다 안전하지 못하며 자산 가치를 떨어뜨리거나 주변 지역에 부정적인 영향도 준다.

이용자 수만으로 공간을 평가하기에는 고려해야 할 변수가 너무 많다. 공간의 크기와 이용시간대, 계절, 의자의 양과 위치, 행사와 활동 유무 그리고 여러 시설물들 모두가 공간의 이용자 수를 "정확하게" 판단하는데 영향을 준다. 그러므로 장소가 비어있고 불편하다고 느끼면 이용자 수가 적으며, 편안하고 복잡하나 너무 혼잡하지 않다면 이용자 수가 적당하다고 말해도 좋다. 요점은 좋은 공공장소는 사용되는 공간이며, 제 역할을 하지 못하는 공간은 비어 있거나 나쁜 쪽으로 이용된다는 점이다. 공공공간 평가는 능숙한 전문가에서 초보자에 이르기까지 관찰할 수 있는 사람이면 누구나 할 수 있다. 모두가 좋은 결과를 얻을 수 있다. ■

뉴저지, 저지시, 리버티 스테이트 공원

❶ 좋은 장소의 특성

30년 전 광장에 관한 연구인, 윌리엄 화이트의 책『소규모 도시공간의 사회적 행태(The Social Life of Small Urban Spaces)』와 보고서『도시장소/도시공간(City Places/City Spaces)』에서 그는 좋은 공공장소의 여러 핵심지표를 검토하여 논리정연하게 설명했다. 공공공간 평가자들은 화이트의 기초적인 연구결과를 반드시 알아야 한다. 그 중 하나가 "사람들이 사람들을 모은다." 그러므로, 어떤 공간을 평가하는데 가장 중요한 문제는 "맨 처음 방문한 사람을 유인한 장소의 특성은 무엇인가"이다. 다행스럽게도, 쉽게 확인해 볼 수 있는데 앉는 장소와 그늘의 양, "만질 수 있는 물", 풍부한 먹거리, 연계성이 높은 도로와 보도들이다.

좋은 장소가 갖추어야 할 특성은 다음과 같다:

단체 활동의 비율이 높음

프랑스, 파리시, 뤽상부르정원

집단의 존재유무가 선택의 지표가 될 수 있다. 화이트는 가로활동계획에서 사람들이 2~3명씩 모여 광장으로 오거나 항상 모이는 곳을 발견했는데, 이는 미리 그렇게 하기로 결정했기 때문이다.

여성의 이용률이 높음

뉴욕, 브루클린

여성들은 그들이 이용하는 공간을 선별한다. 여성들의 선택에는 합당한 이유가 있는데, 이는 앉을 곳이 있으며 장소가 안전하다고 느낄 때, 장소를 이용한다.

다양한 연령층

다양한 연령층은 대개 시간대별로 장소를 이용하는 연령층이 다름을 뜻한다. 예로, 취학전 어린이와 보호자들은 노인이나 퇴직자들의 이용과 마찬가지로, 다른 연령층이 직장에서 일할 때 근린공원을 이용한다.

캐나다, 밴쿠버, 그랜빌 아일랜드

다양한 활동

인기 있는 장소는 일반적으로 좋은 장소보다 시설물이 적다. 그리고 활동에는 특수한 장비나 시설이 필요하지 않다.

뉴욕시, 그리니치빌리지

애정표현

프랑스, 파리

일반적으로 문제가 있는 장소보다는 좋은 장소에서 웃고, 키스하며, 포옹하고, 만지고, 악수하는 행동 등이 더 많이 일어난다.

❷ 장소의 기능 이해

장소 다이어그램은 공간의 “기능”을 평가하는 틀이다.

이 절에서는 장소 다이어그램 즉, 접근과 연계성(Access & Linkage), 이용과 활동(Uses & Activities), 편안함과 이미지(Comfort & Image), 그리고 사회적 교류(Sociability)의 각 부문에서 고려해야 할 질문들을 찾을 수 있으며, 이 질문들은 특정 장소를 평가하는데 쉽게 이용할 수 있다. 바꾸어 말하면, 이 질문들은 일반적인 문제를 시각적으로 드러내는 실마리로 찾아낼 수 있게 했으며, 다이어그램에 기초하여 공간의 기능을 평가하는 방법도 제시했다. 또한, 특정 문제를 깊이 있게 이해하는데 유용한 기법을 제시하였으며, 이 내용들은 마지막 절에 설명했다. 마지막으로, 몇 가지 공간 개선방법을 설명했다.

장소를 바꾸는 방법

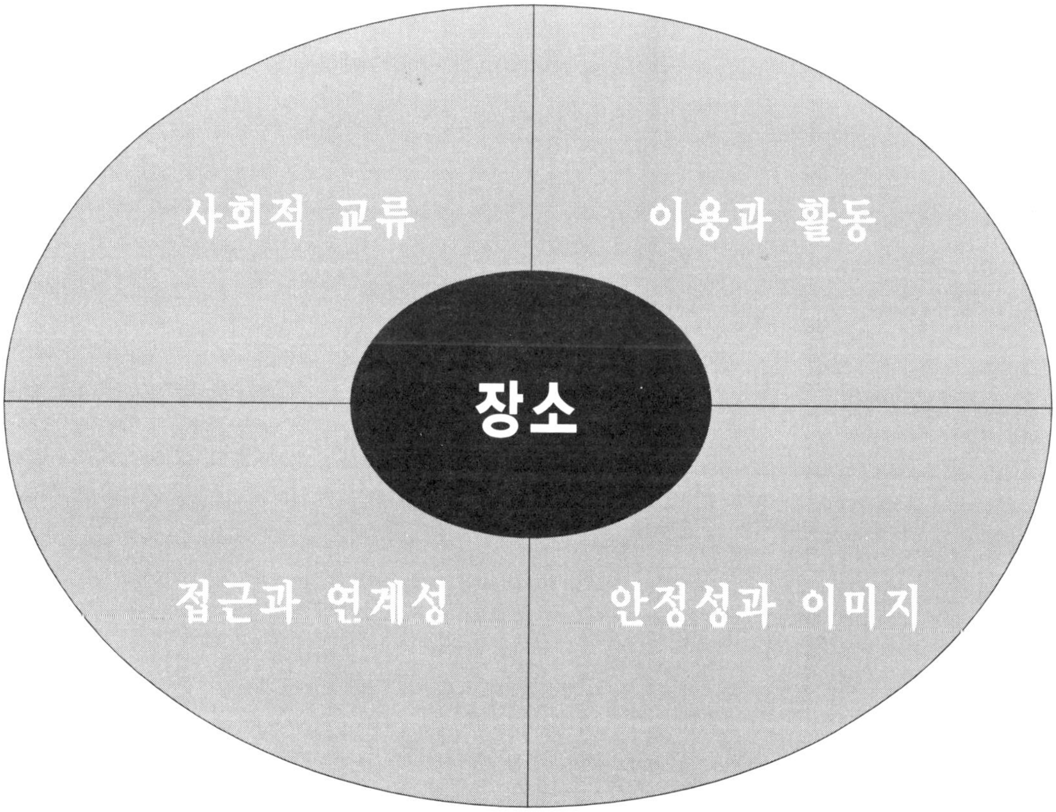

이용과 활동

고려사항

- 사람들이 공간을 이용하고 있는가 아니면 비어 있는가?
- 공간을 이용하고 있는 연령층은?
- 사람들이 집단으로 이용하고 있는가? 집단은 연인, 친구, 직장동료, 가족, 대가족, 소규모 또는 대규모 집단인가?
- 다양한 활동이 일어나고 있는가? — 예를 들어 산책과 먹기, 휴식, 독서, 야구나 체스게임
- 이용하는 공간과 그렇지 않은 공간은? 눈에 띄는 패턴이 있는가? 예로, 노인들이 의자를 이용하는가, 어린이들이 그네 주위에 모여 있는가? 10대들이 입구 주변에서 서성거리고 있는가?
- 다른 공간으로 이동하기가 쉬운가?
- 전체 설계가 사람들의 공간이용방식과 관련이 있는가? 예로, 입구와 길, 의자와 쓰레기통을 이용하기 편리한가?
- 활동을 분명하게 선택할 수 있는가? 행사와 활동이 열리거나 일정대로 진행되고 있는가? 행사 책임자는? 공간

뉴욕시, 브라이언트공원

설계와 행사가 관련이 있는가?

- 관리여부는? 관리책임자가 누구인지 알 수 있는가?

문제의 시각적 실마리

- 공간이 하루 온종일 또는 비어있는 때가 있다.
- 이용자 수에 비해 공간이 너무 작아 혼잡하다.
- 앉는 장소가 부족하다.
- 모이는 장소가 부족하다. 즉, 활동이 서로 독립적이고 구심점이 없다.
- 행사를 열기에 적당하지 못하다.

활동측정방법 제안

- 주간과 주중 여러 시간대의 활동 수와 활동 유형을 기록하라.
- 지역사회 주민들이나 이용자의 장소에 대한 인식과 앞으로 그들이 바라는 장소의 모습을 조사하라.
- 보이지 않으나 사람들을 유인하는 활동을 판단할 수 있는 주변 토지이용(학교와 교회, 도서관이나 입무빌딩 등)에 관한 현황자료를 입수하라.

공간개선방법

- 바람직한 활동을 만들어내는 시설물을 설치한다.
- 사람들이 모일 수 있는 곳에 구심점을 만든다.
- 짧은 기간에 사람들을 모으고 책임자가 나타나도록 지역단체(교회와 학교, 도서관, 농산물시장 등)와 함께 하는 지역중심프로그램을 개발하라.
- 공간에서 열리거나 공간에 변화를 주는 행사로 바꾸고, 필요하다면 지금보다 나은 행사를 유치하라.
- 빈 건물의 1층을 임대하고 지역 재활성화 전략을 개발하기 위해 주변 토지의 소유주와 상점주들과 함께 작업하라.

편안함과 이미지

고려사항

- 장소의 첫 인상은 어떤가?
- 남자보다 여자가 많은가?
- 앉을 곳은 충분한가? 의자를 이용하기 편리한가? 햇빛이 비치는 곳이든 그늘진 곳이든 사람들이 자신이 앉을 자리를 선택할 수 있는가? 적합한 기후보호시설(파라솔과 휴식처)은 있는가?
- 공간을 관리하고 있는가? 또는 관리자를 볼 수 있는가? 공간은 깨끗하고 쓰레기는 없는가? 관리책임자는? 그들이 하는 일은? 언제 하는가?
- 지역은 안전한가? 경비원은 있는가? 있다면, 그들이 하는 일은? 근무시간은?
- 사진을 찍는 사람들이 있는가? 사진을 많이 찍는 장소는?
- 자동차가 보행공간을 독점하고 있는가, 아니면 공간으로 들어가지 못하게 방해하고 있는가?

문제의 시각적 실마리

- 앉을 곳이 너무 적다.

프랑스, 파리, 뤽상부르 정원

여자들은 공공공간을 선별하여 이용하기 때문에 좋은 공간을 알 수 있는 길잡이 역할을 한다. 따라서 좋은 장소는 일반적으로 남자보다 여자의 비율이 높다. 여자들은 발과 직관에 따라 결정하는데, 예로 의자의 높이와 질감, 그리고 다른 사람의 존재유형과 같은 요소에 따른 안전감이 장소선택에 영향을 준다.

- 경비원이 보이지 않는다.
- 매력적인 공간도 아니고 안전하지도 않다.
- 관리하고 있지 않아 쓰레기와 여러 잡동사니를 볼 수 있다.
- "불량배"들이 공간을 독차지하고 있다.
- 깨진 창문과 그라피티, 반날리즘 등 안전을 위협하는 흔적이 있다.
- 자동차가 공간을 지배하고 있다.

편안함과 이미지 측정방법 제안

- 첫 인상을 주의 깊게 기록하고, 다른 사람(특히, 공간에 가본 적이 없는 사람)에게 똑같이 느꼈는지를 물어 본 다음, 내용을 비교해 보아라. 첫 방문자는 단 한 번만 될 수 있다.
- 범죄발생통계와 민원인을 조사하라.
- 안전과 매력, 청결 등과 관련하여 사람들의 인식을 조사하라.
- 의자와 같은 시설물의 이용을 관찰하라.
- 동선문제를 파악하기 위해 이용자를 추적 조사하라.

장소의 안전과 이미지를 높이는 방법

- 시설물 즉, 의자와 전화박스, 쓰레기통, 안내소, 매점, 지역사회 중심의 대중예술, 꽃, 분수의 위치를 신중하게 고려하여 배치하라.
- 매점이나 먹거리 판매대/안내소를 거쳐 지나가게 하고, 입구감을 주거나 주변 건물의 창문에서 장소를 볼 수 있도록 하여 실제적인 관리가 이루어지게 하라. 여기에는 창의적 사고가 필요하다.
- 장소의 이용과 활동을 증가시키거나 책임자를 임명하여 안전성을 높여라. 매일 시설물의 청결유지와 사전 관리로 관리의 질을 높여라. 지역방범프로그램을 수립하라.

접근과 연계성

고려사항

- 가까운 곳에서 공간을 볼 수 있는가? 장소의 내부를 외부에서 볼 수 있는가?
- 장소로 쉽게 걸어올 수 있는가(예로, 버스정류장에서 공원으로 오기 위해 이동하는 차량 사이를 헤쳐오고 있진 않은가)?
- 주변 지역에서 보행자가 쉽게 접근하도록 보도가 설치되어 있는가?
- 공간이 특수한 욕구를 가진 사람들을 충족시키는가? 장애인복지법(ADA, Americans with Disabilities Act)에 관한 민원은 있는가?
- 도로와 공간 내의 통과도로가 사람들이 가고자 하는 곳과 연결되어 있는가?
- 주변 건물에서 공간을 이용하고 있는가?
- 장소로 접근할 수 있는 교통수단은 다양한가?(예를 들면, 버스와 전철, 자동차, 자전거)

뉴욕, 새러토가 스프링스

문제의 시각적 실마리

- 교통이 혼잡하거나 차량이 빠르게 이동하여, 도로를 횡단하는 보행자들에게 장해물이 된다.
- 자전거를 이용하여 접근하는 빈도가 낮다.
- 사람들이 차도를 걷고 있거나 비포장 지역이 보도로 사용(잔디밭과 식재지역 등과 같은)되어 잔디가 벗겨져 있다.
- 보행자 중심의 이용(상가 전면과 같은)이 연계되어 있지 않아, 보행환경이 불쾌하다.
- 주차공간이 충분치 않다.

접근성 측정방법

- 장소와 주변의 보행동선을 관찰·집계하고, 추적하라.
- 보행의 적합여부를 판단하기 위해 보도의 위치와 마감처리, 연석의 수를 기록하라.
- 지역을 도면으로 작성해라(보행활동을 유발시키는 이용을 판단할 수 있도록).
- 태도와 이용패턴을 판단할 수 있는 보행자를 조사하라.
- 여러 교통수단의 유형과 선택이유를 판단할 수 있도록 지역사회를 확대하여 조사하라.
- 이용의 효율성을 판단할 수 있는 주차장 회전율을 조사하라.
- 주중과 주말의 이용수준뿐만 아니라 차량의 점유율을 판단할 수 있는 교통량을 조사하라.

공간의 접근성을 높이는 방법

- 보행자와 기타 이용(차량, 선철, 사전거, 화물차 등)과 보조를 맞추어 보도를 확장하거나 횡단보도를 확장하라.
- 횡단보도를 쉽게 볼 수 있도록 표시하고 이용하기 편리한 곳에 설치하라
- 자전거 이용시설(자전거 도로와 잠금장치, 보관소 등)을 설치하라.
- 빈 땅에는 구조물을 설치하여 보행의 연속성을 갖게 한다.
- 다른 이용과 함께 노상주차장의 균형을 맞추어라.
- 보행의 접근성을 개선하기 위해 교통신호의 점멸주기를 바꾸어라.
- 시행령이나 규정을 바꾸어 주차장의 이용을 개선하라.

사회적 교류

고려사항

- 친구들을 만나기 위해 이곳으로 오는가? 이곳에서 친구들을 만나거나 친구들과 어울리는가?
- 사람들이 무리를 지어 오는가?
- 사람들이 서로 얘기를 나누는가?
- 사람들이 웃고 있는가?
- 사람들이 장소(또는, 시설)를 정기적으로 좋아서 이용하는가?
- 이용자들이 서로의 얼굴이나 이름을 알고 있는가?
- 사람들이 장소를 보여주거나 자랑하려고 친구나 친척들을 데려 오는가?
- 낯선 사람들끼리 눈을 마주치는가?
- 일반적으로 대단위 지역사회임을 드러내는 여러 연령층과 인종들이 모여 있는가?
- 쓰레기를 줍는 사람들이 있는가?

문제의 시각적 실마리

- 사람들이 다른 이용자와 서로 교류하지 않는다.
- 이용자가 다양하지 않다.

캘리포니아, 라구나 해변

사회적 교류의 측정방법

- 장소에 대한 인식을 조사하라.
- 자원봉사자가 있거나 특정 구역에 대해 막중한 책임감을 느끼고 있는 이용자의 수와 지역협회나 단체가 있는지를 확인하라.

사회적 교류의 증진 방법

- 다양한 활동을 수용하고 사람들이 모이는 장소 즉, 구심점을 개발하라.
- 사회적 교류를 높일 수 있도록 시설물을 배치(의자를 모아 놓고 이동식 의자를 설치하는 등)하라.
- 사람들을 모을 수 있는 특별 행사와 활동을 기획하라.
- 장소를 개선하거나 관리에 도움이 되는 지역의 자원봉사자들을 모집하라.
- 주변 건물에서 다양한 사람들이 참여할 수 있도록 다양한 공간을 만들어라.

❸ 종합하기

앞에서 살펴본 주제들은 장소를 살피기 위해 설명하였다. 즉, 이용률의 측정 방법과 추가로 필요한 자료수집의 유형을 판단할 수 있다.

우리가 생각하고 있는 다음의 주요 단계는 사람들이 장소를 많이 찾게 하는 유용한 방법을 생각한 후에, 그 장소의 개선방안을 판단하는 단계이다. 지역 중심의 미래 모습 제시과정으로 지역주민들이 문제를 확인하고, 방법을 제안하며, 자료수집과 해결안을 모색하는데 공동으로 참여하는 여러 단계를 거친다. 모든 여건이 같지 않기 때문에, 항상 똑같은 과정으로 진행되지 않는다. 그러나 일반적으로 시작 단계에서 지역사회의 자문을 받고, 주요 문제를 찾고 판단하기 위해 장소를 관찰하고 자료를 수집한다. 이어서 추가 자료 수집을 위해 지역사회의 문제를 확인하고, 마지막으로, 지역사회의 미래모습을 실행하는 과정으로 진행한다.

지역사회 중심의 과정

1. **특정 장소에 대한 여러 다양한 집단들이 직면한 문제를 확인하기 위해 공공과 민간부문의 지역 대표들을 모두 만나라.** 도심지 가로가 관심의 대상이라면, 예로 보행자와 차량 간의 마찰 및 차량속도나 교통량, 주차공간의 부족,

캘리포니아, 샌버나디노, 지역모임

보행 접근성의 부족, 대중교통시설과 의자와 빈약한 휴식 공간 등과 관련된 시설물이 주제가 된다.

공원이라면, 의자와 피크닉 지역, 쓰레기통과 같이 이용하기 불편한 곳에 위치한 시설물과 관리 소홀, 관리자의 부족, 부대 행사와 유인책으로 공원 이용률을 높이는 방법이 주제가 된다.

2. **자료수집의 장점과 실행안 작성에 관한 가설을 구체화하라**. 앞서의 절에서 간략하게 설명한 문제로, 장소에 대한 초기 가설을 작성할 수 있다. 예를 들어, 더 이상 아무도 가지 않는 곳과 주차공간이 부족한 곳, 아무것도 없는 곳, 불량배의 소굴이 된 곳이다. 다음으로 가설을 뒷받침하는데 가장 적합한 자료수집방법을 결정한다. 간단한 "장소기능평가(PPS가 개발한 반나절 또는 한나절 워크숍)"에서 장소의 이용과 인식을 상세하게 분석하는 방법에 이르기까지 여러 다양한 방법들이 있다. 다음 절의 "관찰기법과 설문조사, 면접"에서 설명한 기법을 주의 깊게 살펴보면, 수행하고자 하는 평가계획안을 작성할 수 있다.

3. **부지에 관한 자료를 수집하라**. 자료수집의 목적은 시간변화에 따른 장소의 역할을 완벽하게 이해하는데 있다. 장소에 관한 자료 수집방법에는 면접과 설문조사뿐만 아니라 행태도 작성과 집계, 주차분석, 추적조사와 같이 일(日)과 주(週)의 표본시간대를 선정하여 관찰하는 기법이 있다. 적당한 곳에 카메라를 설치하여 저속도 사진 촬영법은 주차장 회전율과 보행자 횡단패턴과 같은 일반적인 이용패턴을 파악하는데 사용한다. 때론 지역사회 자원봉사자의 도움을 받아 자료를 수집할 수 있다. 예를 들어, 캘리포니아 주 벨몬트 해변에서는 상인과 주민들이 주차장의 회전율을 기록하였고, 쇼핑객들에게 설문지를 배포하기 위해 가로변에 탁자를 설치했으며, 브루클린 시레드 훅의 주민들은 이웃들에게 설문지를 배포했다. 디트로이트시의 몇 몇 대기업(컴퓨터 소프트웨어 회사를 포함한)들은 직원들에게 설문지를 배포하여 의견을 조사했고, 시장실은 웹사이트에 그 결과를 올렸다. 텍사스주 오스틴시의 주민들은 그들이 조직한 일일 워크숍에서 장소기능평가에 중심적인 역할을 담당했다.

4. **자료를 분석하여, 지역사회의 참여를 검토하고 실행방법을 확인하라**. 아래의 단계들은 수집한 자료를 이용하여 실행계획안을 작성하는데 도움을 줄 것이다. 같은 문제라도 여러 다양한 해

결안이 있기 때문에, 이 작업은 장소에서 많은 시간을 보내고 최소한의 관찰과 면접을 실시하게 되면 매우 쉬워진다. 자료 분석에 대한 기본원칙은 다음과 같다.

- 자료를 통합하여 정리하고 모든 결과를 요약하라. 결과들 그래프로 그리거나 요약하라.
- 처음에 작성한 가설을 조사 자료와 비교하고, 새로운 가설을 작성하라.
- 모든 주요 결과들을 약술하라. 이 결과들은 장소와 연관된 주제(접근과 동선, 관리, 프로그램, 행사, 안전성 등)로 객관적으로 파악할 수 있는 범주로 묶어야 한다.
- 문제를 해결할 수 있는 권고사항을 각 결과물과 관련시켜라. 이는 문제로서의 결과물과 해결안으로서의 권고사항을 생각하는데 도움을 준다.

5. **지역사회의 영역을 확대하여 지역사회 대표와 이해집단이 참여하는 공청회를 개최하라**. 수집한 자료를 검토한 뒤, 문제를 확인하고 참여방법과 개선방법을 찾도록 장려하라. 작은 표적 집단에서 방법들을 브레인스토밍(brainstorming)한 다음, 특정 주제를 다루는 위원회를 열 수도 있다. 다른 곳에서 행해졌기 때문에 새로운 생각을 찾게 하고 참여를 유도하며, 지역사회의 의견에 대한 자신감을 확고하게 다질 수 있도록 비슷한

지역사회 모임에 대한 조언

1. *문제의 시기적절성과 심각성을 인식하라.* 예로, 근린주구의 삶의 질을 위협하는 논쟁의 여지가 많은 계획안은 지역사회 모임의 참석률을 높인다. 장소 중심적 접근방법을 사용해야 한다면, 매우 작은 규모인 거실이나 도심지 상가에서부터 시작할 수도 있다.
2. *지역주민들이 찾아오기 쉬운 모임장소를 택하라.* 주민참여율이 높아진다. 예로, 공원 내 시민회관 건립 안에 관한 모임은 가능하다면 공원이나 공원과 가까운 건물에서 개최해야 한다. 모임이 시청이나 지역사회와 떨어진 공공장소에 열린다면, 대부분 참여하지 않는다.
3. *참석하기 편한 시간을 택하라.* 주로 지역주민과 관련된 모임이라면, 저녁시간 때가 가장 좋으나, 퇴근 후 도심지 광장이나 상가가 있는 공원에서 모임을 가져도 좋다.
4. *먹거리를 제공하라.* 특히, 모임이 식사시간 대라면 먹거리로 참석률을 높일 수 있다. 분위기도 부드럽게 하고 낯선 사람들과 서로 대화도 나눌 수 있게 한다.

문제를 다룬 여러 도시들의 사례와 함께 장소의 문제점을 슬라이드를 이용하여 설명하라.

6. **자료를 구상안으로 발전시켜라**. 먼저 결과물과 권고사항을 지역사회가 정리·검토하고 보완시키면, 구상안을 발전시키기가 쉽다. 계획안에 문서 자료와 방법들을 그래픽으로 표현한다. 이 단계에서 소요예산과 기술, 참여시켜야 할 협력자의 유형을 어느 정도 판단할 수 있을 것이다.

   예를 들어, 관리가 소홀한 쇼핑센터와 같이 분명한 문제들은 쓰레기 수거시간을 늘리거나 공간관리방법으로 간단하게 해결할 수 있다. 그러나 일반적으로 장소와 결부된 문제들은 장소에서 특정 이용형태를 제한하는 동시에 보다 적극적으로 이용하게 하는 방법을 찾기 어렵다. 이 문제들은 매우 복잡하게 진행되며, 사람들은 장소에 관한 특정 문제에 익숙해져야 할 뿐만 아니라, 공공장소의 이용과 물리적 요소, 관리와의 연계성을 폭넓게 이해해야만 한다.

7. **제안사항을 재검토하고 논의하여, 실행안으로 발전시켜라**. 이상적으로는, 지역사회 대표들이 해야 할 몫이다. 계획안에는 예산안 평가와 협력자, 지역사회조직과 민간부문, 일정을 포함시켜야 한다. 지역사회는 보통 행동 지향적이기 때문에, 여러 단기적으로 검증가능한 계획안은 물리적 장소와 관리의 변화가 통합된 결과물이 될 것이다. 정부기관은 매우 수동적으로 대처하기 때문에, 단기적 성과의 장점과 계획안의 추진력을 구축하여, 지역사회의 참여를 지속적으로 유지하는 것이 중요하다. 공공부문이 좀 더 유연하게 대처한다면, 비교적 적은 비용으로 많은 해결안을 신속하게 실행할 수 있다는 반가운 소식이 있다.

❹ 관찰과 설문조사, 면접 기법

공공장소에 관한 자료수집방법은 장소만큼이나 다양하다. 이 절에서는 면접과 설문조사를 포함한 사람들의 인식을 측정하는 기법뿐만 아니라 몇 가지 관찰기법 – 물리적 흔적 조사와 행태도 작성, 이용량 측정과 궤적조사와 같은 기법늘을 자세하게 설녕한나. 각 설밍에는 사용시기와 사용빙법, 그리고 자료수집에 이용할 수 있는 양식을 포함시켰다. 이들 기법은 1~2시간이나 오랜 기간에 걸쳐 여러 다른 방법들과 함께 사용할 수 있다. 그러나, 관찰은 한 번만으로 끝나지 말아야 한다. 장소의 '흐름'을 잘 이해할 수 있도록 여러 시기(주중과 주말, 밤과 아침, 오후나 저녁)에 행해져야 한다. 발견한 사실에 놀랄지도 모른다.

윌리엄 화이트(William H. Whyte)는 좋은 공공공간을 판단하기 위해 관찰기법을 습득했다. 그는 겉으로 보기에는 분명하지만, 때론 무시되었던 단순한 사실로 우리를 일깨워 주기를 좋아했다.

행태도 작성

활동의 도면화(activity mapping)로도 알려진 행태도는 일정 시간 동안 특정 지역의 활동을 기록하는 방법이다. 일광욕과 앉기, 기대기, 대화, 독서와 같이 고정된 활동은 동작을 포함한 활동인 걷기와 달리기, 자전거 타기 등을 함께 기록할 수 있다.

사용 시기

행태도는 다양한 시설의 배치와 설계, 관리업무의 변화를 판단하는데 가장 유용한 도구 중 하나이다. 행태도는 예로, 놀이 공간 옆의 피크닉 지역이 이용률이 낮은 피크닉 지역보다 이용률이 높은지를 보여준다.

이러한 집중적이고 정기적인 자료기록을 통해 얻어진 통찰력은 매우 귀중하다. 그러나 모든 활동유형을 나타내고 장소이용의 종합적인 틀을 만들기 위해서는 자료(하루 또는 주별 등 여러 시간대)를 체계적으로 수집하는데 주의를 기울려야 한다. 예를 들어, 달리기에 적합한 도로가 하루 중 일정 시간대에는 아무런 문제가 없어 보이나 다른 시간대를 관찰해보면, 동일한 공간에서 자전거를 타는 사람과 달리기하는 사람간의 마찰이 있음을 알 수 있다. 또한, 관찰자 모두가 주기적으로 정확하게 정보를 기록하는 방법을 훈련받아야 한다는 점이 중요하다. 관찰자가 수영장이나 도로 옆 주차장에 있는 10대들의 수를 기록하지 않는다면, 자료의 타당성은 낮아질 것이다.

행태도의 작성양식은 두 부분 즉, 구역도와 사람들의 활동과 유형에 관한 정보를 기록하는 칸으로 구분한다. 지도에는 장소 내의 수목과 시설, 의자, 분수 및 여러 주요 시설물을 기록해야 한다. 관찰기간 별로 양식을 따로 사용해야 한다.

사용방법

전체 공간의 활동이나 특정 지역만의 활동을 기록하건 간에 필요한 자료유형을 결정하라. 자료유형은 행태도의 작성목적에 따라 결정한다. 예를 들어, 공간의 일반적인 문제를 이해할 목적이라면, 전체 공간을 도면화해야 한다. 그러나 공간 내의 놀이터를 재설계할 목적이라면, 놀이터만 관찰할 필요가 있다.

행태도는 정지한 사람과 움직이는 사람 모두를 기록할 수 있다. 그러나 장소를 지나가는 사람들이 때론 너무 많거나 너무 빨리 이동하기 때문에, 그들에 대한 정보를 숫자로 세어 기록하는 방법이 가장 좋다. 도면화는 정지한 사람들만 기록하면 가장 좋다.

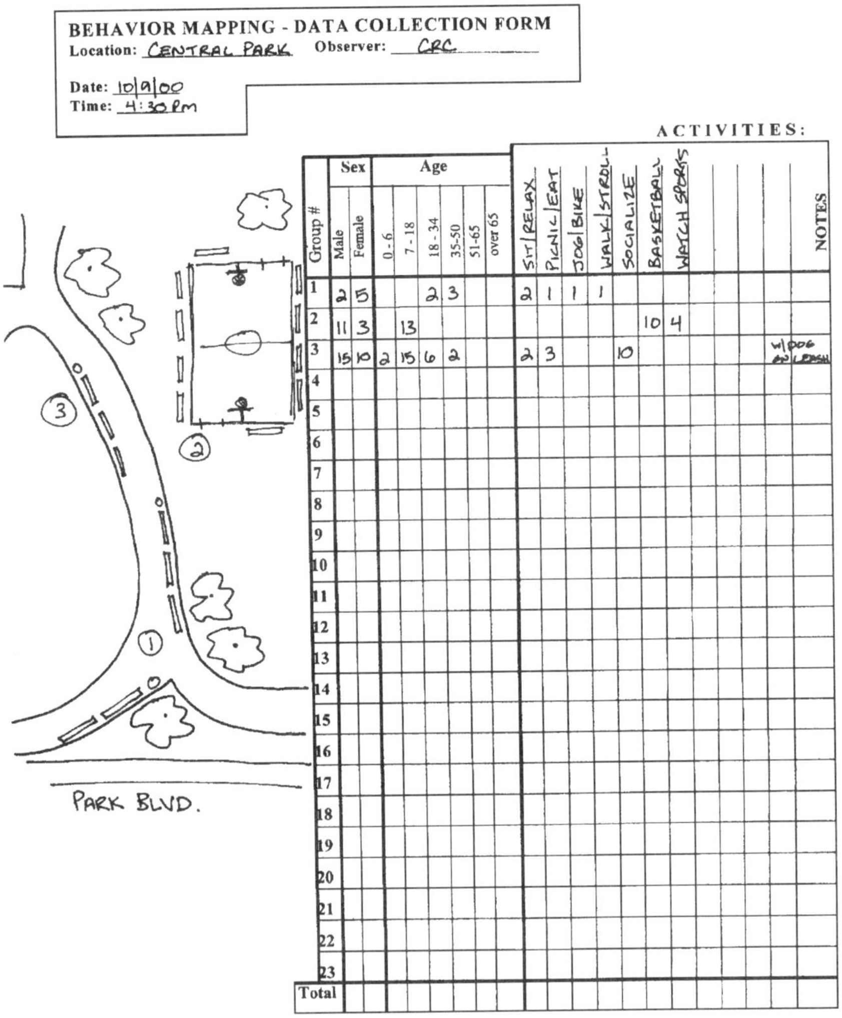

BEHAVIOR MAPPING - DATA COLLECTION FORM
Location: CENTRAL PARK Observer: CRC
Date: 10/9/00
Time: 4:30 PM

ACTIVITIES:

Group #	Sex: Male	Sex: Female	Age: 0-6	Age: 7-18	Age: 18-34	Age: 35-50	Age: 51-65	Age: over 65	SIT/RELAX	PICNIC/EAT	JOG/BIKE	WALK/STROLL	SOCIALIZE	BASKETBALL	WATCH SPORTS					NOTES
1	2	5			2	3			2	1	1	1								
2	11	3		13										10	4					
3	15	10	2	15	6	2			2	3			10							W/DOG ON LEASH
4																				
5																				
6																				
7																				
8																				
9																				
10																				
11																				
12																				
13																				
14																				
15																				
16																				
17																				
18																				
19																				
20																				
21																				
22																				
23																				
Total																				

그림 1 행태도 양식의 예 그림 229

관찰방법

장소의 한쪽에 서서, 양식 위쪽의 정보와 모든 활동 유형을 도면에 표시하고 빈칸을 채워라. 예를 들어, 관찰자가 음식을 먹으면서 얘기를 나누고 있는 65세 가량의 두 여성을 보고 있다면, "여성"이라는 칸에 "2"를 적고, 해당하는 연령 칸에 "2"를 적고 난 후, 그들이 하고 있는 행위나 활동(앉기와 먹기, 얘기 등)의 해당 칸에 표시한다. 지도 위에 사람이나 집단의 정확한 위치와 시설물과의 관계를 표시하는 것도 중요하다(예로, 의자에 앉기와 풀밭에 앉기).

구역의 이용자 수와 필요한 정보량에 따라 활동을 지도에 기록하는 데 걸리는 시간은 다양한데, 활동도를 완성하는데 대략 30분 정도 걸린다. 적당한 시간은 10~20분으로, 나머지 시간은 다른 관찰이나 면접결과를 도면에 표시하는데 사용한다.

행태도는 보통 주기적으로 하루 6번이나 그 이상의 횟수를 기록한다. 활동이 적은 공간에서는 일정 시간 동안의 모든 활동을 기록한다. 예를 들어, 10분 동안에

사회적 교류와 같은 활동들은 가끔 피크닉과 같은 활동과 연계하여 일어난다. 이러한 이유로 인해, 기록하고자 하는 활동의 유형과 정의, 그리고 한 사람의 한 가지 행동만 고려한다고 미리 결정하는 것이 중요하다.

BEHAVIOR MAPPING
FINAL SUMMARY FORM

Date: 10/9/00

locatn #	total groups	total indiv	people alone #	people alone %	SEX male #	male %	female #	female %	AGE 0-6 #	0-6 %	7-18 #	7-18 %	19-60 #	19-60 %	60+ #	60+ %
1	160	210	110	52	89	42	121	58	25	12	31	15	142	67	12	6
2	172	251	122	48	109	43	142	57	16	5	34	14	172	69	29	12
3	154	175	101	57	75	43	100	57	4	2	5	3	158	90	8	5
Total	486	636	333	52	273	42	363	57	45	7	70	11	472	74	49	7

ACTIVITIES (#/% OF GROUPS)

locatn #	SIT #	SIT %	EAT #	EAT %	JOG #	JOG %	WALK #	WALK %	SOCIAL. #	SOCIAL. %	BBALL #	BBALL %	WATCH #	WATCH %	#	%	#	%
1	150	94	40	25	60	38	75	47	8	5	10	6	3	2				
2	172	100	71	41	63	36	9	5	112	65	5	3	–	–				
3	149	97	78	51	74	48	27	19	10	6	–	–	–	–				
Total	471	74	189	30	197	31	111	17	130	20	15	2	3	1				

그림 2 요약정리 양식의 예

공간(말하자면, 의자나 버스정류장)을 이용하고 있는 모든 사람들을 기록한다. 동시에 여러 공간의 활동을 기록하는 다중 관찰자라면, 비교할 수 있도록 같은 방법으로 정보를 기록해야 한다.

장소를 행데도로 완전히 기록한 다음, 수집한 자료를 분석해야 한다. 먼저, 합계를 각 양식의 아래 부분에 집계한 다음, 위치와 활동을 전체적으로 통합·정리해야 한다. 마지막으로, 계획과 관련하여 결과를 정리해야 한다. 예를 들어, 장소를 깨끗하고 매력적이게 만드는 관리일정을 갱신하는 계획이라면, 행태도와 관련된 정보는 이용공간과 이용하지 않는 공간, 하루 중 이용시간, 여러 공간에서 일어나는 활동유형에 중점을 둔다.

이 정보를 이용하여, 각 공간에 필요한 추가 청소작업과 정비해야 할 장소와 시기, 유형을 확인하여 새로운 관리일정을 수립할 수 있다.

계수(counting, 計數)

계수는 특정 위치나 특정 지점을 통과하는 사람과 이동수단 등에 관한 수치자료를 수집하는 체계적인 기록 방법이다.

사용 시기

계수는 특정 지점에서 장소에 들어가는 사람의 수와 혼잡해 보이거나 실제로 혼잡한 도로의 차량 수를 집계하는데 사용할 수 있다. 추가로, 계수는 정확한 양(예로, 60대 이상의 비율)뿐만 아니라 특정 문제를 확인하는데 유용하다. 계수는 비교·가능한 대상이 있을 때 중요한 정보가 된다. 예로, 한 장소의 여성 수는 남자 수나 시간대별 여자 수와 비교할 때에만 중요하다.

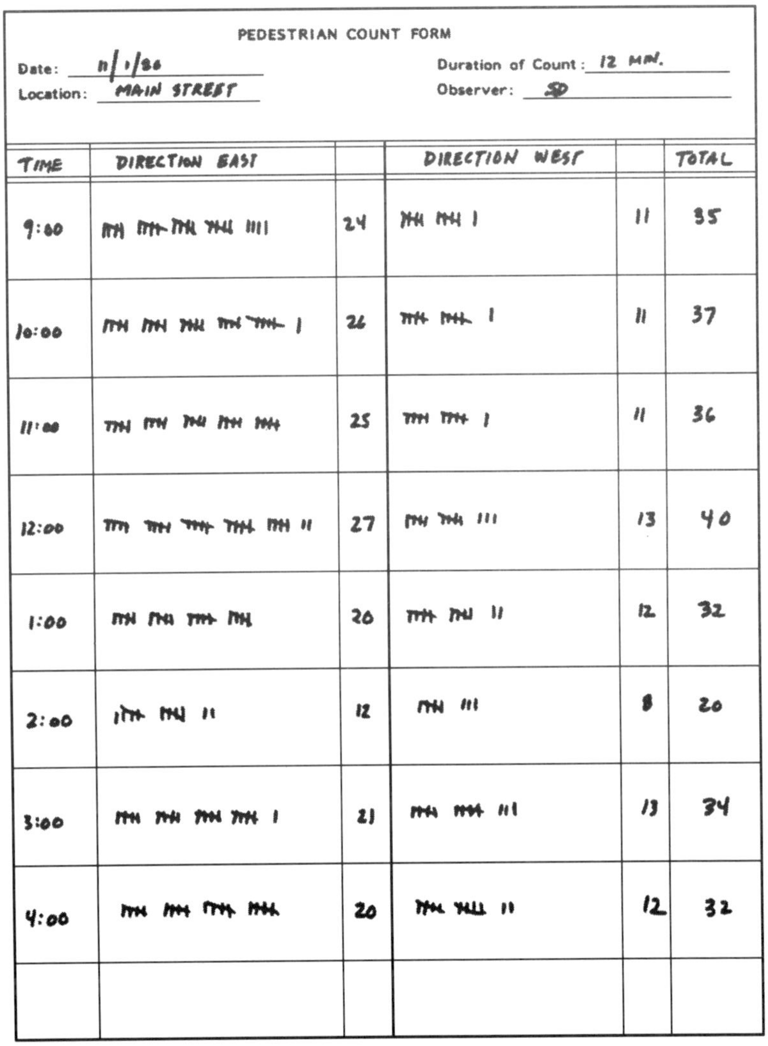

PEDESTRIAN COUNT FORM

Date: 11/1/86 Duration of Count: 12 MIN.
Location: MAIN STREET Observer: SD

TIME	DIRECTION EAST		DIRECTION WEST		TOTAL
9:00		24		11	35
10:00		26		11	37
11:00		25		11	36
12:00		27		13	40
1:00		20		12	32
2:00		12		8	20
3:00		21		13	34
4:00		20		12	32

그림 3 계수양식의 예

계수방법

계수항목 결정. 혼잡한 도로와 같이 교통량이 많다면, 일정 시간대에 특정 지점을 지나가는 차량의 대수나 사람 수만 기록할 수 있다. 그러나 공원길이나 녹도와 같이 교통량이 적다면 다음의 계수방식으로 수정하여 활동유형을 수치로 나타낸다. 이는 확인하고자 하는 문제에 좌우된다는 점이 중요하다. 녹도(greenway)나 도로에서 자전거를 타는 사람과 스케이트보드를 타는 사람, 인라인스케이트를 타는 사람, 달리기하는 사람, 산책하는 사람, 어슬렁거리는 사람 등을 숫자로 세어 기록한다.

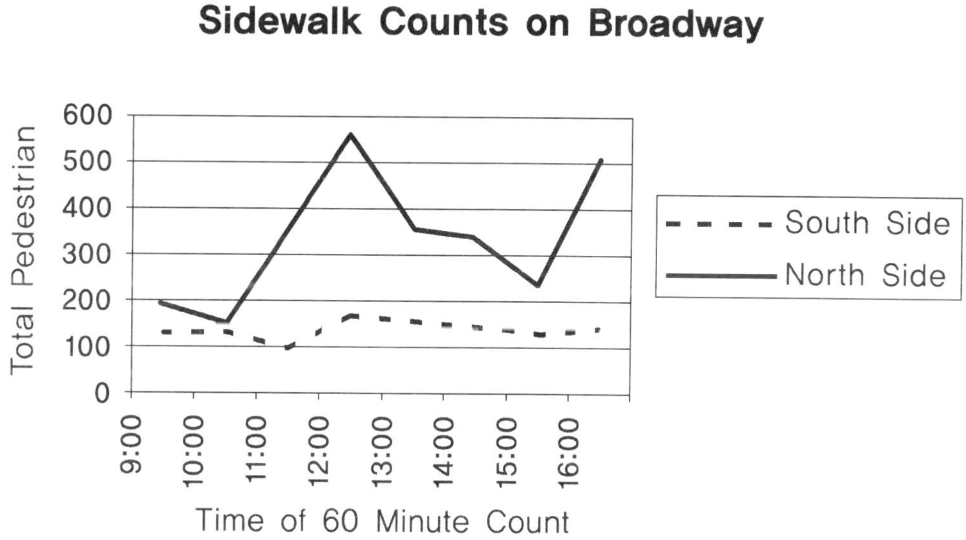

그림 4 계수분석의 예

계수기간과 빈도 결정

계수항목과 대표 표본을 얻는 시간에 따라 판단한다. 예를 들어, 쇼핑가로를 이용하는 사람들을 숫자로 센다면, 6분 동안에 얼마나 많은 사람들이 특정한 지점을 지나갔는지를 판단할 수 있다. 그런 다음, 한 시간 동안 대략 얼마나 많은 사람들이 보도를 이용하는 지를 판단하여 10을 곱한다. "경험적"으로 소매점이 입시하려면 시간당 적어도 1,000명의 사람들이 가로를 통행해야 한다.

자료 분석

일단 숫자를 세어 기록한 다음, 특정 사항을 이해하거나 설명하기 위해 그래프나 차트로 그린다. 예를 들어, 브로드웨이 가를 이용하는 전체 사람의 수를 시간대별로 그래프로 나타낸 다음, 이용의 측면(그림 4)에서 이용률이 높은 시간대와 낮은 시간대로 구분하거나 여름철 쇼핑센터를 통과하는데 다른 길을 이용하는 사람들의 수를 차트로 나타낼 수 있다. 이 자료는 제안서를 작성하는데 이용한다. 도로의 이용과 관련된 자료는 교통부시가 도로에 주차장을 설치하거나, 한 차선을 없애고 보도로 바꾸려는 생각에 확신감을 준다.

도로와 관련된 자료는 특정 지점의 표지판이나 시설물의 설치 또는 도로확장이나 다른 시설물의 설치를 판단하는데 이용할 수 있다. 계수는 문제를 이해하고 다른 사람과 정보를 공유할 수 있는 "정확한" 자료가 필요할 때 큰 도움이 된다.

계수분석에 있어 가장 어려운 부분은 전체 결과물의 맥락과 제안사항을 연관시키는 작업이다. 단독으로 사용하면, 계수자료는 간혹 무의미해지나 다른 계수자료나 여러 유형의 자료와 비교하여 사용하면 매우 중요한 자료가 된다.

궤적조사

궤적조사는 장소의 이용방법과 장소의 동선을 파악하기 위해, 관찰자가 이용자를 따라가는 단순한 관찰기법이다.

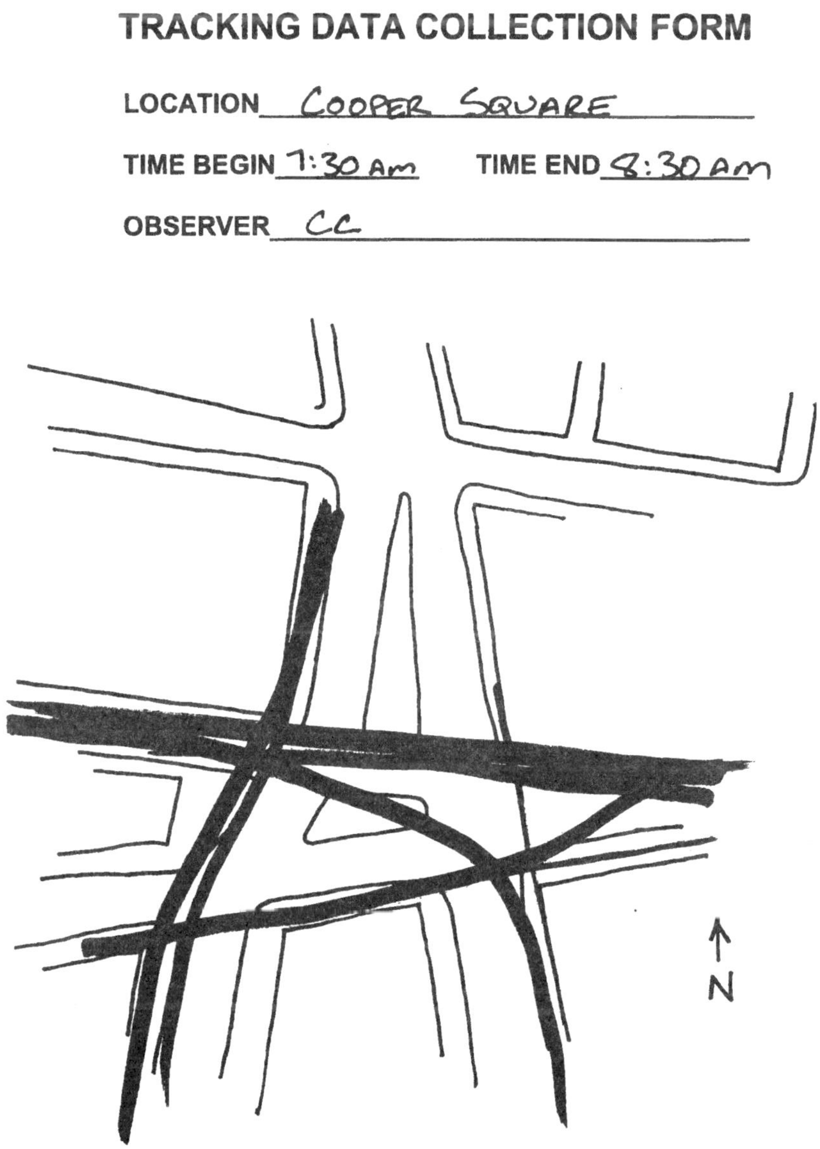

그림 5. 도로횡단기록 양식의 예

사용 시기

궤적조사는 사람들이 한 장소에서 다른 장소로 가는 경로를 파악하고, 가장 많이 이용하는 장소를 통과하는 도로를 확인하며, 사람들이 도로를 어떻게 횡단하는가를 알 수 있는 유용한 방법이다. 구역을 통과하는 이동이 문제시될 때만 유용한 방법이다. 예로, 농산물시장의 왼쪽 통로의 상점이 오른쪽 통로의 상점보다 이용률이 낮다면, 궤적조사로 사람들이 시장에 들어가는 방향을 판단할 수 있다. 또한, 궤적조사는 무단횡단 패턴(그림 5)을 분석하는데 유용하다.

궤적조사는 자주 이용하는 길과 여러 목적지를 나타내는 방법으로 계획목적 작성에 매우 유용하다. 멈추는 지점에 관한 상세한 정보나 사람들의 대화에 주의를 기울이면 특정 문제에 대한 사람들의 의견도 파악할 수 있다.

궤적조사는 어렵지 않으나 집중력과 주의력이 필요하다. 잠재된 문제나 부지 문제를 쉽게 찾을 수 없다는 한계가 있으므로, 얻고자 하는 특정 자료가 문제와 직접적인 관련이 있는 경우에만 사용해야 한다.

그림 5에서 “궤적 추적한” 교차로의 전경(왼쪽 그림)

궤적 추적방법

궤적조사는 비교적 단순하며, 두 가지 방법으로 이루어진다. 첫 번째 방법은 연구 지점을 잘 볼 수 있는 위치를 선정한다. 그곳에 서서 사람들을 살펴보고, 그들이 가는 곳을 한 장의 지도에 기록한다(그림 5). 이 방법으로 경로를 기록하면, 패턴이 드러난다. 예를 들어, 쇼핑센터에서 들어오는 대부분의 사람들이 여러 방향에서 들어와서 한 지점으로 주로 나간다는 사실을 판단하기 위해서는 쇼핑센터의 입구와 출구 모두를 관찰해야 한다. 두 번째 방법은 실제로 사람들을 따라가는 방법이다. 이 방법은 장소를 통과하는 사람들의 전체 경로를 볼 수 있는 유리한 위치를 확보할 수 없을 때 유용한 방법이다. 먼저 자료를 분석하고, 개선책으로 통로의 개선여부와 새로운 통로의 개설여부를 판단할 수 있다.

물리적 흔적 조사

사람들은 장소를 이용한 후 흔적을 남긴다. 보통 물리적 증거와 마모흔적 두 가지로 구분할 수 있다. 물리적 흔적은 맥주 캔과 여러 쓰레기와 같이 사람들이 장소에 남기는 물건들이다. 아침에 장소의 한쪽 구석에서 빈 맥주 캔을 발견했다면 진날 저녁에 장소가 이떻게 이용되었는지를 알 수 있다. 특정 시간대(예로, 점심시간)에 쌓인 쓰레기는 광장이 어느 시간대에 이용되었는지를 알려준다. 쓰레기의 종류(소다 캔이나 생수 병)를 살펴보면 그 곳에서 누가 점심을 먹었는지를 알 수 있다. 마모 흔적은 지표면과 벽, 가구, 핸드레일 등의 표면에 드러나 있다. 잔디밭을 가로질러 생긴 길은 많은 사람들이 지름길로 이용한다는 증거이다. 계단의 마모와 매끄럽게 윤이 나있는 핸드레일, 페인트칠이 벗겨진 벽 등 모두가 이용패턴을 말해 준다.

사용 시기

물리적 흔적 기록은 관찰로 쉽게 드러나지 않는 활동을 이해하는데 유용한 방법이다. 초기 단계에 수행되어야 하며, 특히 장소에 대한 가설을 제안할 때 좋다. 물리적 흔적은 양(캔의 수나 쓰레기의 양)과 질(예로, 마모 흔적 없음 또는 조금-적당

쓰레기통이 넘치고, 쓰레기통 주변의 쓰레기들은 사람들의 공간 이용 방법뿐만 아니라 여러 문제점들도 알려준다.

–많이 마모)로 기록할 수 있다. 이 정보는 쓰레기통의 추가 설치와 재활용프로그램의 도입이나 광장보도의 재설계와 같은 특정한 공간의 개선방법을 수립하는데 큰 도움을 준다.

고자 하는 정보 유형에 따라 일별과 주별이나 심지어 월별로도 가능하다. 예로, 하루나 일 년 동안 여러 시간대의 쓰레기 변화량은 놀이기구의 이용에 대한 "마모"의 증거로 기록한다.

물리적 흔적 기록방법

때때로 물리적 흔적만 기록해야 하고 지도상의 구역과 일치하는 도면이나 종이 위에 관찰을 기록할 수 있다. 기록하

잔디밭을 가로질러 생긴 길은 때론 사람들이 공간을 이용하길 바라는 바를 보여주는 바람직한 선으로 부른다.

면접과 설문조사

면접과 설문지는 사람들의 행태관찰로 수집할 수 없는 태도와 인식, 동기를 조사한다. 관찰과는 다른 방법으로 다른 유형의 결과를 보여준다.

비공식적 면접은 간단한 대화로, 가끔 면접대상자의 활동과 관련되거나 여러 주세에 관한 질문이 동시에 서론될 수 있다. 비공식적 면접은 일반적으로 수치자료를 얻기 위해 사용하지는 않으나, 사람들이 장소를 어떻게 인식하고 이용하는가를 찾아내는데 이용한다. 응답을 문서화하는데 있어, 사람들이 사용하는 단어나 문장을 종이나 녹음테이프에 정확히 기록하는 것이 중요하다.

공식적 면접은 좀 더 구조화된 방법으로 면접자가 조사항목이나 질문을 가지고 있다. 면접시간과는 관계없이, 각 사람들로부터 얻어낸 정보를 비교할 수 있어야 한나. 공식적 면접은 융동성이 많으므로, 면접자가 특정 주제에 관해 면접대상자의 의견을 끌어내기 위해 질문을 수정하고 추가 질문을 할 수도 있다.

설문조사는 신중하게 작성하고 배열하여 주제를 바꿀 수 없는 질문을 필요로

면접에 대한 조언

훌륭한 면접자는 훌륭한 좌담가로 다른 사람에 대한 관심을 갖고 있으며, 면접대상자를 편안하게 해주는 능력을 가지고 있다. 면접자는 여러 질문에 대해 사람들의 목소리 변화와 반응정도에 주의를 기울려야 한다. 몸짓과 목소리 변화, 얼굴표정은 응답자의 구두표현을 암시하는 "읽을 수 있는" 실마리이다. 예를 들어, 어린이의 어머니가 놀이터를 확장해야 하는가라는 질문에 "예"라고 대답했지만, 면접자는 실제로 가장 좋은 해결책인지를 목소리 변화에서 의심할 수도 있다. 면접자는 다음으로 놀이터 개선에 관한 또 다른 제안을 가지고 있는지를 한 번 더 물어보아야 한다.
면접할 때, 항상 신원을 밝혀야 한다고 충고한다. 추가로, 연구목적을 기재한 공문을 쓴 간단한 소개와 면접자의 이름을 알려주는 것이 면접의 합법성에 대한 의심을 해소하는데 도움이 된다.

한다. 가끔 다중 선택 질문이 포함시키며, 특정 사항에 대해 개인적인 부연설명을 허용하는 캐어묻기 질문으로 이어진다. 다중선택 질문은 쉽게 분석할 수 있으며 자유응답식 질문보다 간단하게 기록할 수 있다. 즉, "이 장소에서 보기를 원하는 활동은?"과 같은 자유응답질문은 사람들이 의견을 제시하게 하여 새로운 계획안을 작성하는데 도움을 준다.

면접과 설문지 조사 모두에서 일반적으로 필요한 질문 유형은 3가지로 구분할 수 있다. (1) 이용(이용자, 이용정도, 이용시기와 이유), (2) 공간에 대한 태도와 의견, 문제점과 (3) 공간 개선방법에 관한 제안과 방법으로 구분한다.

때론 설문조사는 문자를 읽을 수 있는 응답자에게 설문지를 배포하는 좋은 방법인데, 특히 영어가 주 사용언어가 아니라면 설문지 번역본이 제공될 수 있다(확실한 방법은 면접자가 하나 이상의 언어를 사용할 수 있으면 아주 좋다).

두 번째 방법은 한 장소에서 모든 사람들을 대상으로 하거나, 미리 선정한 표본을 대상으로 하건 간에 배포 · 조사하는 방법이다. 그런 다음, 조사자가 일정 시간이 지난 후에 완성된 설문지를 회수한다. 이 방법은 집단조사에 가장 적합하다(예로, 가족소풍). 조사자가 집단의 모든 성인들에게 설문지를 배포하고 설문지를 회수할 때에는 조사자가 대표집단으로 분석에 사용할 설문지를 무작위로 선정한다. 큰 집단이면, 두 가지 형태를 분석에 사용할 수 있다. 집단의 구성원을 계층별로 구분하여 모든 설문지를 분석한다.

설문조사를 위한 조언

1. *단순한 언어를 사용하라.* 응답자가 전문직종에 종사하는 사람이더라도 전문용어를 사용하지 말아라.
2. *혼동을 주고, 혼동을 줄 것 같으며, 모호하고 유도하는 질문을 하지 말아라.* 첫 질문은 반감을 주지 않는 내용으로 응답자의 관심을 끌 수 있어야 한다. 즉, 어느 누구에게도 반감을 사지 말아야 한다. 호기심을 유발할 수 있도록 재미있어야 하나 대답하기도 쉬워야 한다. 예로, "오늘 도심지에 어떻게 갔습니까?"라는 모호한 질문은 응답하기 어렵다. 또한, "이 쇼핑센터에서 좋아하고 싫어하는 것은 무엇입니까?"라는 질문에 대한 응답은 너무 다양하기 때문에 비교하기 힘들다. 장소의 특정 시설물이나 특성에 관한 사람들의 태도를 물어 보는 것이 좋다.
3. *유도질문*인 "메인가와 오크가 사이의 놀이터에서 어린이들이 노는데 안전하다고 생각하십니까?는 놀이터가 안전하지 않다거나 안전이 문제시된다 라는 응답을 유도한다. 질문의 오류를 줄이는 방법은 공공공간의 전체 안전성에 관한 여러 질문을 포함시키는 것이다.
4. *설계나 관리에 도움을 줄 수 있는 질문을 개발하라.* "놀이터를 이용합니까?"라는 질문 다음에 "가장 많이 이용하는 기구는 무엇입니까?"라는 질문이 이어져 변화와 관련된 세부 사항을 물어보는 반면에 "놀이터를 어떻게 느끼십니까?"라는 질문은 그 자체가 도움이 되지 않는다.
5. *하나의 주제로 질문을 묶고 특정 사안을 물어 보기 전에 일반적인 쉬운 질문부터 하라.* 간단한 내용에서 복잡하게, 일반적인 내용에서 개인적인 내용으로 단계적으로 배치해야 하고 면접대상자의 관심이 지속하도록 작성해야 한다.

   좀 더 복잡한 질문은 조사로 인해 지치기 전인 설문지 중반에 물어보아야 한다. 민감한 질문(예로, 마약복용과 같은 내용)이 있다면, 설문지 후반부에 배치해야 한다. 마지막에는 사람들이 조언이나 제언을 할 수 있는 문항을 넣고 협조에 감사한다는 문구를 넣어야 한다.

가장 적합한 방법의 선택은 공간의 유형 즉, 이용지의 활동의 정도, 필요한 면접자 수, 설문문항의 수로 결정한다. 예로, 조사용 탁자의 설치는 점심시간의 회사원이나 보도를 걷는 사람들이 이용하는 도심지 쇼핑센터에 적합한 반면에, 넓게 펼쳐진 피크닉지역이나 버스정류장이라면 면접자가 설문지를 배포하거나 질문을 하기 위해 주변 지역으로 이동해야만 할 것이다.

관찰자의 수가 적으면 설문지를 주면서 면접할 수 있으나, 이는 사람들과 실제로 말을 건네는 중요한 경험이 없어지기 때문에 불리하다. 몇 개의 장소나 위치를 조사한다면, 동일한 방법으로 정보를 수집해야 한다.

이들 중 어느 방법을 사용하더라도, 무작위 표본과 대표 표본을 선택해야 한다. 항상 응답자 수가 많을 필요는 없으나, 대표 표본에서 자료를 수집해야 한다. 즉, 새벽부터 심야에 이르기까지 하루 중 공간을 이용하는 사람들과 모든 활동을 조사해야 한다.

때론 설문지를 현장에서 직접 작성하게 하는 방법도 좋다.

부록 : 행태도 작성 양식

행태도 - 자료수집양식

위 치 : ____________________　　조사자 : ____________________

날 짜 : ______________

시 간 : ______________

그룹#	성별		연 령						활 동											비 고
	남	여	0 ~ 6	7 ~ 18	18 ~ 34	35 ~ 50	51 ~ 65	65 이상												
1																				
2																				
3																				
4																				
5																				
6																				
7																				
8																				
9																				
10																				
11																				
12																				
13																				
14																				
15																				
16																				
17																				
18																				
19																				
20																				
21																				
22																				
23																				
합 계																				

행태도 종합 정리 양식

일시 : ____________

위치(#)	전체 그룹	전체 개인			성별				연령								활동 (집단의 #/%)															
			혼자		남		여		0 ~ 6		7 ~ 18		19 ~ 60		60+																	
			#	%	#	%	#	%	#	%	#	%	#	%	#	%	#	%	#	%	#	%	#	%	#	%	#	%	#	%	#	%
전 체																																

인용문헌

Jacobs, Jane, *The Death of Life of Great American Cities*, Vintage Books, New York, 1961.

Kotter, John P., *Leading change*, Harvard Business School Press, Boston, 1996.

LaFarge, Albert, editor, *The Essential William H. Whyte*, Fordham University Press, New York, 2000.

McKnight, John, and John P. Kretzmann, *Building Communities from the Inside Out*, Acta Publications, Chicago, 1997.

Whyte, William H., *City: Rediscovering the Center*, Anchor Books, New York, 1988.(out of print)

Whyte, William H., *The Social Life of Small Urban Spaces*, Project for Public Spaces, Inc. New York, 1980.

옮기고 나서

개념과 철학, 사조가 계획과 설계를 어지럽게 한다. 좋은 장소를 만드는 일은 참으로 어렵다. 지금까지 그런 장소를 만들지는 않고 말로만 떠들어 대었던 것 같다. 좋은 장소란 많은 사람들이 자주 찾아 활력이 넘치는 곳이다. 이용하지 않는 공간은 없어지거나 쓸모없는 공간이 된다. 보기에만 좋은 장소보다 이용하기 편한 곳이 좋다.

우리 생활공간 주변에는 좋은 장소가 많지만 아직도 좋은 장소들이 많이 필요하다. 우리 주변을 살펴만 보아도 좋은 장소로 바꿀 수 있다.

자 이제 주위를 둘러보고 관심을 가져보자.

장소에 중심을 둔 새로운 교육프로그램과 더불어 새로운 장소를 만들기보다 있는 장소를 좋은 장소로 바꾸려는 노력이 필요하다고 생각한다. 국가가 주도하는 좋은 장소 만들기 사업이 시도되고 확대되어 따뜻한 마음으로 이웃들이 함께 하는 정겨운 장소가 만들어지길 바란다.

옮긴이

김봉원 성균관대학교에서 학업을 마치고 대학교 강의와 더불어 환경과 공간의 질을 높이려는 여러 일들을 하고 있다. 한때 큰 물고기가 되고자 했으나, 작은 연못의 소중함을 느끼고 바다와 강을 이어줄 수 있는 흥미롭고 새로운 일을 시작하려 한다. 항상 내 곁을 지켜준 아내 원아와 사랑스러운 유경과 태후에게 고마움을 전한다.

이론과 실제를 연결시키려는 노력으로 '환경설계연구의 향방'과 '조경계획 및 토지이용계획을 위한 경관생태학', '인간중심적 자연환경의 설계'를 옮겼고, 일반인들에게 경관을 읽는 방법을 알리고자 전통공간을 주제로 '소쇄원-긴담에 걸린 노래'와 '퇴계-고인도 날 못보고 나도 고인 못 뵈'라는 경관읽기 시리즈도 함께 썼다.

좋은 장소를 만드는 방법

2008년 9월 5일 1판 1쇄 인쇄
2008년 9월 10일 1판 1쇄 발행

편저자 Project for Public Spaces
옮긴이 김 봉 원
발행인 정 헌 준
발행처 태림문화사
주 소 서울 용산구 원효로 1가 128-13호
전 화 (02) 716-2473 / (02) 714 2478
팩 스 (02) 718-4580
이메일 taerim79@hanmail.net
출판등록 1979. 3. 27.(2-679)

ISBN 978-89-8205-224-0 정가 12,000 원

아주 작은 모임의 사려 깊고 헌신적인 시민들이 세상을 변화시킬 수 있음을 절대로 의심하지 말자. 사실, 그것이 전부이다.

마거릿 미드